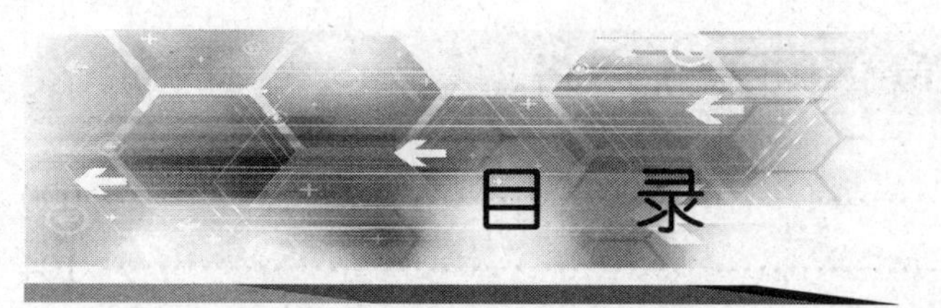

目 录

第一章 电路基础知识

第二章 简单直流电路的分析

第三章 复杂直流电路的分析

第四章 磁场与电磁感应

第五章　单相交流电路

第六章　三相交流电路

全国中等职业学校电工类专业通用
全国技工院校电工类专业通用（中级技能层级）

电工基础课教学设计方案

——与《电工基础（第六版）》配套

邵展图 主编

中国劳动社会保障出版社

简介

本书是全国中等职业学校电工类专业通用教材 / 全国技工院校电工类专业通用教材（中级技能层级）《电工基础（第六版）》的配套用书，供教师在教学中使用。本书按照教材章节顺序编写，包括各节的教学目标、教学重点难点、教学思路、教学内容、教学方法等内容。全书的内容安排体现教材的编写意图，力求为教师授课提供多方面的帮助。

本书由邵展图担任主编，何薇、蒋莉莉、张扬扬参加编写。

图书在版编目（CIP）数据

电工基础课教学设计方案：与《电工基础（第六版）》配套 / 邵展图主编. -- 北京：中国劳动社会保障出版社，2022

全国中等职业学校电工类专业通用　全国技工院校电工类专业通用. 中级技能层级

ISBN 978-7-5167-5462-7

Ⅰ. ①电…　Ⅱ. ①邵…　Ⅲ. ①电工 - 教学设计 - 中等专业学校　Ⅳ. ①TM1

中国版本图书馆 CIP 数据核字（2022）第 197945 号

中国劳动社会保障出版社出版发行

（北京市惠新东街 1 号　邮政编码：100029）

*

北京市科星印刷有限责任公司印刷装订　　新华书店经销

787 毫米 ×1092 毫米　16 开本　10.25 印张　192 千字

2022 年 11 月第 1 版　　2024 年 11 月第 2 次印刷

定价：21.00 元

营销中心电话：400-606-6496

出版社网址：http://www.class.com.cn

http://jg.class.com.cn

电工基础课授课进度计划表

序号	周次	教学日期	教学课时	章节名称	合计课时
第一章　电路基础知识					
1			2	§1–1　电路和电路图	9
2			2	§1–2　电流和电压	
3			3	§1–3　电阻	
4			2	§1–4　电功和电功率	
第二章　简单直流电路的分析					
5			2	§2–1　全电路欧姆定律	6
6			2	§2–2　电阻的连接	
7			2	§2–3　直流电桥	
第三章　复杂直流电路的分析					
8			4	§3–1　基尔霍夫定律	10
9			2	§3–2　电压源与电流源的等效变换	
10			2	§3–3　戴维南定理	
11			2	§3–4　叠加原理	
第四章　磁场与电磁感应					
12			1	§4–1　磁场	6
13			1	§4–2　磁场对电流的作用	
14			2	§4–3　电磁感应	
15			1	§4–4　自感和互感	
16			1	§4–5　铁磁材料与磁路	

序号	周次	教学日期	教学课时	章节名称	合计课时
第五章　单相交流电路					
17			2	§ 5–1　交流电的基本概念	10
18			2	§ 5–2　电容器和电感器	
19			2	§ 5–3　单一参数交流电路	
20			2	§ 5–4　RLC 串联电路	
21			2	§ 5–5　RLC 并联电路	
第六章　三相交流电路					
22			2	§ 6–1　三相交流电源	4
23			2	§ 6–2　三相负载的连接方式	
合计 45 课时（不含实验与实训课时）					

第一章
电路基础知识

§ 1-1　电路和电路图

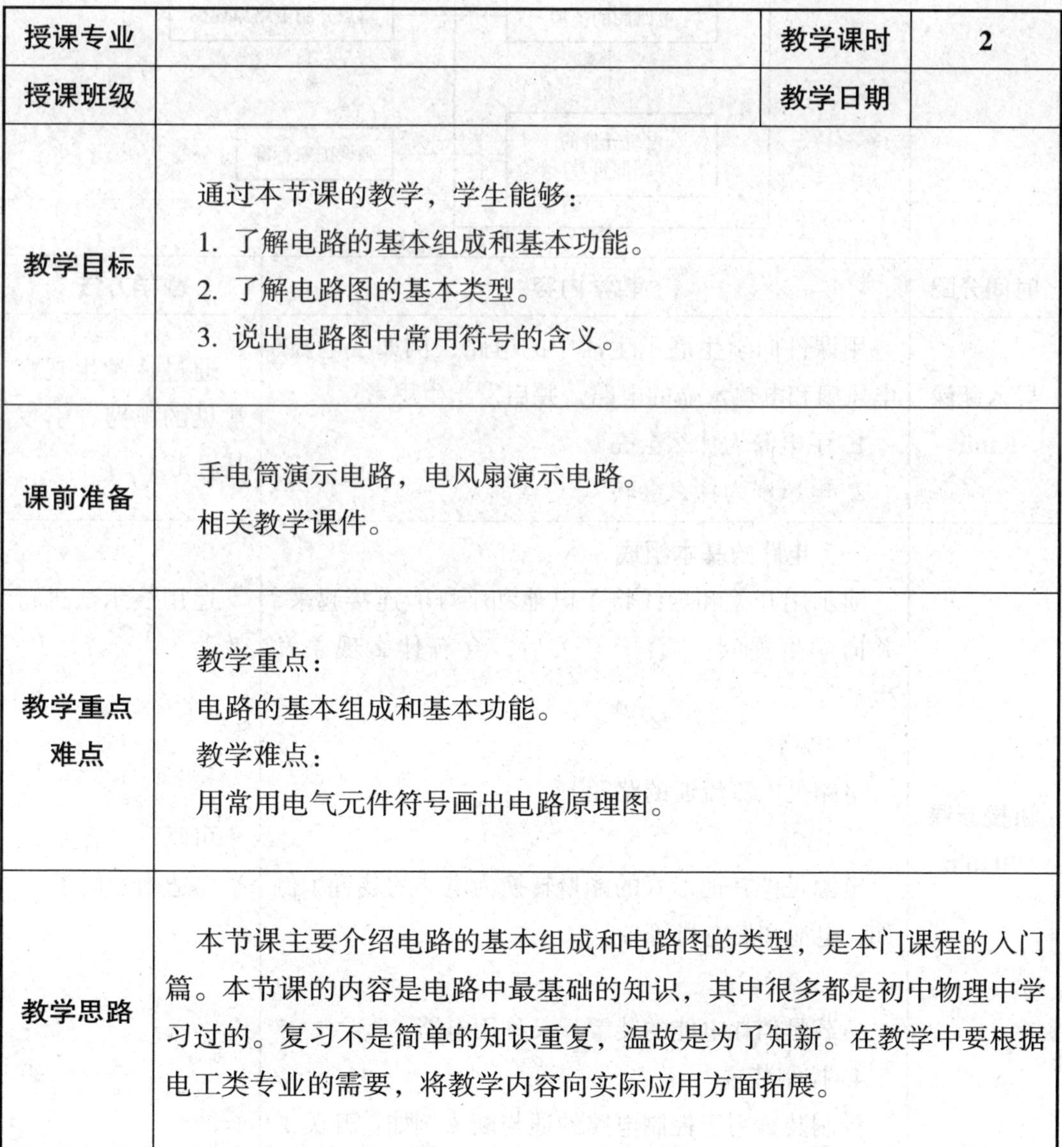

授课专业		教学课时	2
授课班级		教学日期	
教学目标	通过本节课的教学，学生能够： 1. 了解电路的基本组成和基本功能。 2. 了解电路图的基本类型。 3. 说出电路图中常用符号的含义。		
课前准备	手电筒演示电路，电风扇演示电路。 相关教学课件。		
教学重点难点	教学重点： 电路的基本组成和基本功能。 教学难点： 用常用电气元件符号画出电路原理图。		
教学思路	本节课主要介绍电路的基本组成和电路图的类型，是本门课程的入门篇。本节课的内容是电路中最基础的知识，其中很多都是初中物理中学习过的。复习不是简单的知识重复，温故是为了知新。在教学中要根据电工类专业的需要，将教学内容向实际应用方面拓展。		

教学流程

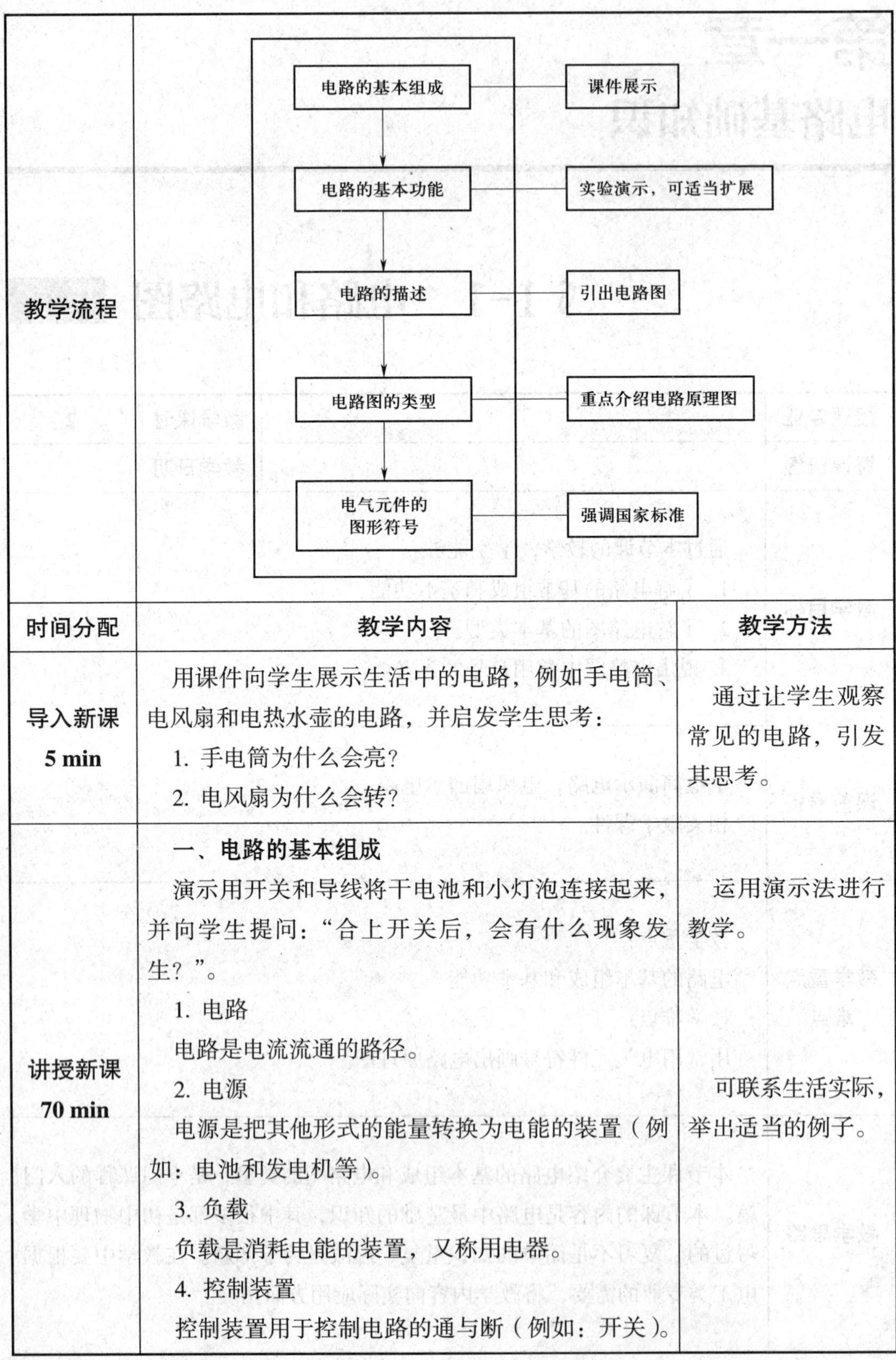

时间分配	教学内容	教学方法
导入新课 **5 min**	用课件向学生展示生活中的电路，例如手电筒、电风扇和电热水壶的电路，并启发学生思考： 1. 手电筒为什么会亮？ 2. 电风扇为什么会转？	通过让学生观察常见的电路，引发其思考。
讲授新课 **70 min**	**一、电路的基本组成** 演示用开关和导线将干电池和小灯泡连接起来，并向学生提问：“合上开关后，会有什么现象发生？”。 1. 电路 电路是电流流通的路径。 2. 电源 电源是把其他形式的能量转换为电能的装置（例如：电池和发电机等）。 3. 负载 负载是消耗电能的装置，又称用电器。 4. 控制装置 控制装置用于控制电路的通与断（例如：开关）。	运用演示法进行教学。 可联系生活实际，举出适当的例子。

时间分配	教学内容	教学方法
讲授新课 **70 min**	5. 导线 导线用于连接电源、负载及控制装置，使它们构成电流的通路。 6. 保护装置 保护装置用以保证电路的安全运行（例如：熔断器和热继电器等）。 **二、电路的基本功能** 1. 进行能量的传输、分配和转换 在电力系统中，发电机把热能、风能、核能和太阳能等转换成电能，通过升压变压器、输电线路和降压变压器将电能传输和配送到最终用户，然后用户根据实际需要又把电能转换成机械能、光能和热能等。 2. 进行信息的传递和处理 电路元件可以将信号源的信号变换或加工成所需的输出信号，如测量电路、扩音器电路、电视机电路和计算机电路中的元件。 **三、电路图** 1. 电路原理图 用电气符号描述电路连接情况的图称为电路原理图。 2. 框图 框图是一种用矩形框、箭头和直线等来表示电路工作原理和构成概况的电路图（一般用来描述较为复杂的电气系统）。 3. 印制电路图 印制电路图是电路元件的安装图。 **四、电路原理图常用符号** 1. 理想元件 在一定条件下将实际电气元件理想化，只考虑其中起主要作用的某些性能时，称其为理想元件。 2. 电路模型 由理想元件连接而成的电路。	可用课件展示相关电路图实例。

<table>
<tr><th>时间分配</th><th>教学内容</th><th>教学方法</th></tr>
<tr>
<td>讲授新课
70 min</td>
<td>
3. 常用图形符号和文字符号
【例 1】根据电气元件名称在表 1–1 中画出其图形符号并写出其文字符号。
表 1–1
<table>
<tr><th>名称</th><th>图形符号</th><th>文字符号</th><th>名称</th><th>图形符号</th><th>文字符号</th></tr>
<tr><td>开关</td><td></td><td></td><td>电流表</td><td></td><td></td></tr>
<tr><td>干电池</td><td></td><td></td><td>熔断器</td><td></td><td></td></tr>
<tr><td>电阻器</td><td></td><td></td><td>指示灯</td><td></td><td></td></tr>
<tr><td>电位器</td><td></td><td></td><td>电容器</td><td></td><td></td></tr>
<tr><td>二极管</td><td></td><td></td><td>电感器</td><td></td><td></td></tr>
<tr><td>三极管</td><td></td><td></td><td>电感器（空芯）</td><td></td><td></td></tr>
<tr><td>功率表</td><td></td><td></td><td>电感器（带铁芯）</td><td></td><td></td></tr>
<tr><td>电压表</td><td></td><td></td><td></td><td></td><td></td></tr>
</table>
【例 2】观察如图 1–1 所示电路图，说出对应的电气元件名称。

图 1–1　例 2 电路图
</td>
<td>可用课件展示相关图形符号、外形和文字符号。</td>
</tr>
</table>

时间分配	教学内容	教学方法
课堂总结 10 min	1. 电路的定义。 2. 电路的基本组成。 3. 电路的基本功能。 4. 电路图中的图形符号和文字符号必须采用国家标准中规定的符号。	归纳并总结本节课的知识点。
布置作业	习题册相关习题。	
教学反思	本节课由生活中常见的电路引入教学内容，用实验演示启发学生思考，让学生明白什么是电路，以及电路中每个组成部分的作用。由于课堂只能实验演示，并不能满足每个学生动手操作的需求，所以，如果将课堂移至实训室，教学效果会更好。	

§1-2 电流和电压

授课专业		教学课时	2
授课班级		教学日期	
教学目标	通过本节课的教学，学生能够： 1. 了解稳恒直流电流、脉动直流电流和交变电流的特点。 2. 理解电压、电位和电动势的概念。 3. 理解电流和电压的参考方向的概念及其与实际方向的关系。 4. 用万用表正确测量电流和电压。		
课前准备	电位测量演示电路，教学用电流表、电压表和万用表。 相关教学课件。		
教学重点难点	教学重点： 1. 电流、电压的大小和方向的判别。 2. 电流、电压的测量方法。 教学难点： 电位和电位差的概念。		
教学思路	由于本节课内容较为抽象，在教学过程中教师应结合探究式、提问式和课堂练习等教学方法，采用表格和图片等多种表现形式来进行教学，并通过实际的测量练习激发学生的学习兴趣，培养学生的自学能力和动手能力。		

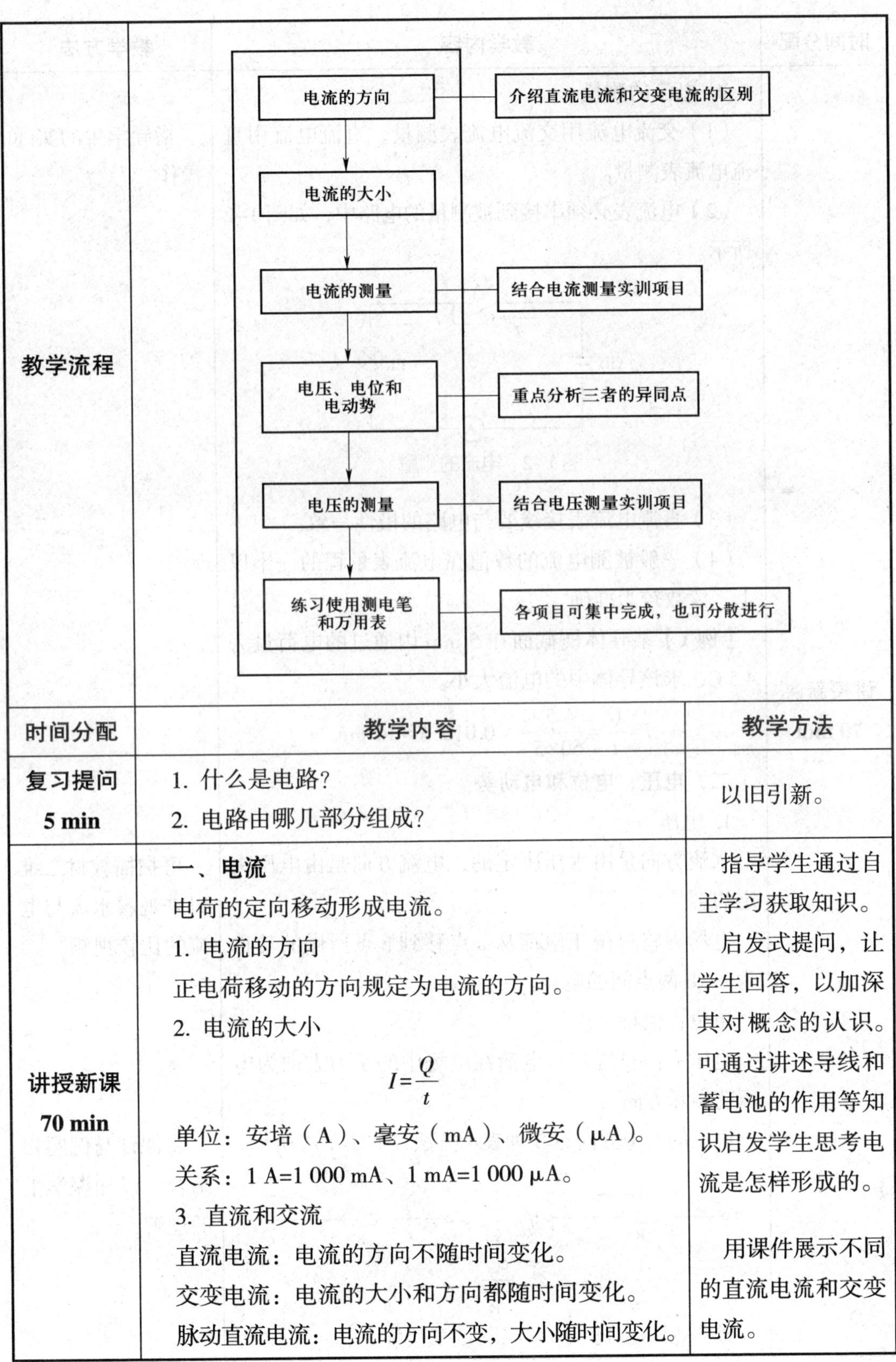

教学流程	电流的方向 —— 介绍直流电流和交变电流的区别 ↓ 电流的大小 ↓ 电流的测量 —— 结合电流测量实训项目 ↓ 电压、电位和电动势 —— 重点分析三者的异同点 ↓ 电压的测量 —— 结合电压测量实训项目 ↓ 练习使用测电笔和万用表 —— 各项目可集中完成，也可分散进行	
时间分配	**教学内容**	**教学方法**
复习提问 **5 min**	1. 什么是电路？ 2. 电路由哪几部分组成？	以旧引新。
讲授新课 **70 min**	**一、电流** 电荷的定向移动形成电流。 1. 电流的方向 正电荷移动的方向规定为电流的方向。 2. 电流的大小 $$I=\frac{Q}{t}$$ 单位：安培（A）、毫安（mA）、微安（μA）。 关系：1 A=1 000 mA、1 mA=1 000 μA。 3. 直流和交流 直流电流：电流的方向不随时间变化。 交变电流：电流的大小和方向都随时间变化。 脉动直流电流：电流的方向不变，大小随时间变化。	指导学生通过自主学习获取知识。 启发式提问，让学生回答，以加深其对概念的认识。可通过讲述导线和蓄电池的作用等知识启发学生思考电流是怎样形成的。 用课件展示不同的直流电流和交变电流。

<table>
<tr><th>时间分配</th><th>教学内容</th><th>教学方法</th></tr>
<tr><td>讲授新课
70 min</td><td>4. 电流的测量
（1）交流电流用交流电流表测量，直流电流用直流电流表测量。
（2）电流表必须串接到被测量的电路中，如图 1–2 所示。
SA I GB EL − A +
图 1–2 电流的测量
（3）直流电流表接线要与电路的极性一致。
（4）一般被测电流的数值在电流表量程的一半以上，读数较为准确。
【例 1】某导体横截面在 5 min 内通过的电荷量为 4.5 C，求该导体中的电流大小。
$$I=\frac{Q}{t}=\frac{4.5\ \text{C}}{60\times 5\ \text{s}}=0.015\ \text{A}=15\ \text{mA}$$
二、电压、电位和电动势
1. 电压
水流方向是由水压决定的，电流方向是由电压决定的。
电场力将单位正电荷从 a 点移到 b 点所做的功称为 a、b 两点间的电压。
单位：伏特（V）。
电压方向：规定正电荷在电场中的受力方向为电压的实际方向。
电压的参考方向有 3 种表示方法，如图 1–3 所示。
U a b R　+ U − a b R　U_{ab} a b R
图 1–3 电压的参考方向</td><td>指导学生的实际操作。

可扫描教材二维码来观看水流与电流的比较视频。

将课件与例题相结合，以加深学生的理解。</td></tr>
</table>

<table>
<tr><th>时间分配</th><th>教学内容</th><th>教学方法</th></tr>
<tr><td>讲授新课
70 min</td><td>【例 2】教材例题 1–1。
2. 电位
电位是电路中某一点与参考点之间的电压。
参考点的电位等于零，参考点也被称为零电位点。
高于参考点的电位是正电位，低于参考点的电位是负电位。电位的单位与电压相同。
电路中任意两点之间的电压等于这两点之间电位的差，所以电压又称电位差。
【例 3】按图 1–4 所示连接电路，选择不同的参考点，测量 C、D、O 三点的电位及 C、D 两点之间的电压，并将数值填入表 1–2 中。
C R1 D R2 O
E 3V
图 1–4　测量电路
表 1–2
<table>
<tr><th>各点电位 /V
参考点</th><th>U_C</th><th>U_D</th><th>U_O</th><th>U_{CD}</th></tr>
<tr><td>D</td><td></td><td></td><td></td><td></td></tr>
<tr><td>O</td><td></td><td></td><td></td><td></td></tr>
</table>
电路中某点的电位与参考点的选择有关，但两点间的电位差与参考点的选择无关。
3. 电动势
电动势用于形容电源将正电荷从电源负极经电源内部移到电源正极的能力。
4. 电压的测量
测量电压时必须把电压表并联在被测电路的两端，如图 1–5 所示，并且要选择好电压表的量程，使其大于实际电压的数值。测量直流电压时，还必须使电压表的正负极和被测电位相一致。</td><td>重点讲解电位和电动势的概念。

在课前安排好电位测量的演示电路。指导学生的实际操作。</td></tr>
</table>

<table>
<tr><th>时间分配</th><th>教学内容</th><th>教学方法</th></tr>
<tr><td>讲授新课
70 min</td><td> 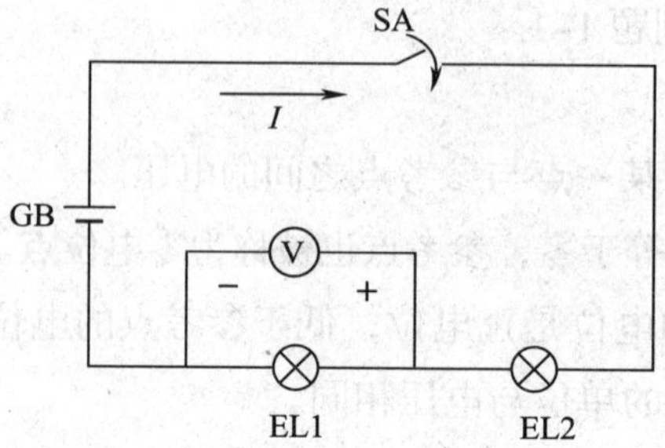图 1–5　电压的测量</td><td>对照左图讲解电压的测量。</td></tr>
<tr><td>课堂总结
10 min</td><td>1. 本节课主要讲了哪些内容？
2. 参照表 1–3 总结：电压表和电流表在使用上有哪些相同点和不同点？

表 1–3
<table>
<tr><th>电流表</th><th>电压表</th></tr>
<tr><td>____（串 / 并）联在电路中</td><td>____（串 / 并）联在电路中</td></tr>
<tr><td>____（可 / 不可）与电源直接相连</td><td>____（可 / 不可）与电源直接相连</td></tr>
<tr><td colspan="2">使用前都要校零</td></tr>
<tr><td colspan="2">电流必须从标有数字的接线柱流入，从“–”接线柱流出</td></tr>
<tr><td colspan="2">被测电流或电压的大小都不能超出仪表的量程</td></tr>
</table></td><td>通过提问的方式归纳并总结本节课的知识点。</td></tr>
<tr><td>布置作业</td><td colspan="2">习题册相关习题。</td></tr>
<tr><td>教学反思</td><td colspan="2">可通过在演示电路中设置不同的参考点来指导学生测量实际的电位和电压，加深其对电位和电位差概念的理解，这有助于突破教学难点。</td></tr>
</table>

§1-3　电阻

<table>
<tr><td>授课专业</td><td></td><td>教学课时</td><td>3</td></tr>
<tr><td>授课班级</td><td></td><td>教学日期</td><td></td></tr>
<tr><td>教学目标</td><td colspan="3">通过本节课的教学，学生能够：
1. 掌握电阻、电阻率的概念和电阻的计算式。
2. 了解常用电阻器的主要参数及部分敏感电阻器的特点。
3. 用万用表正确测量电阻，用兆欧表正确测量绝缘电阻。</td></tr>
<tr><td>课前准备</td><td colspan="3">不同型号电阻器，不同型号电位器，热敏电阻，光敏电阻，万用表，兆欧表。
相关教学课件。</td></tr>
<tr><td>教学重点难点</td><td colspan="3">教学重点：
1. 准确识读碳膜电阻器。
2. 用仪器和仪表正确测量电阻器的阻值。
教学难点：
敏感电阻器的特性。</td></tr>
<tr><td>教学思路</td><td colspan="3">电阻器简称电阻，是电子电路中经常用到的元件，电阻的测量是电工必须掌握的基本技能。本节课对电阻及其测量的讲解篇幅较多，在教学中可选择展示不同类型、不同规格的电阻，使学生先认识其外形，再结合电阻值的测量了解电阻的主要指标。本节课要求学生熟练掌握用万用表测量电阻的方法，不但要掌握固定电阻器的测量方法，还要掌握电位器的测量方法、热敏电阻的测量方法，以及用兆欧表测量绝缘电阻的方法。
对电阻率及电阻计算式只作一般介绍，不要求进行定量计算。敏感电阻器的特性主要通过演示实验来讲解。</td></tr>
</table>

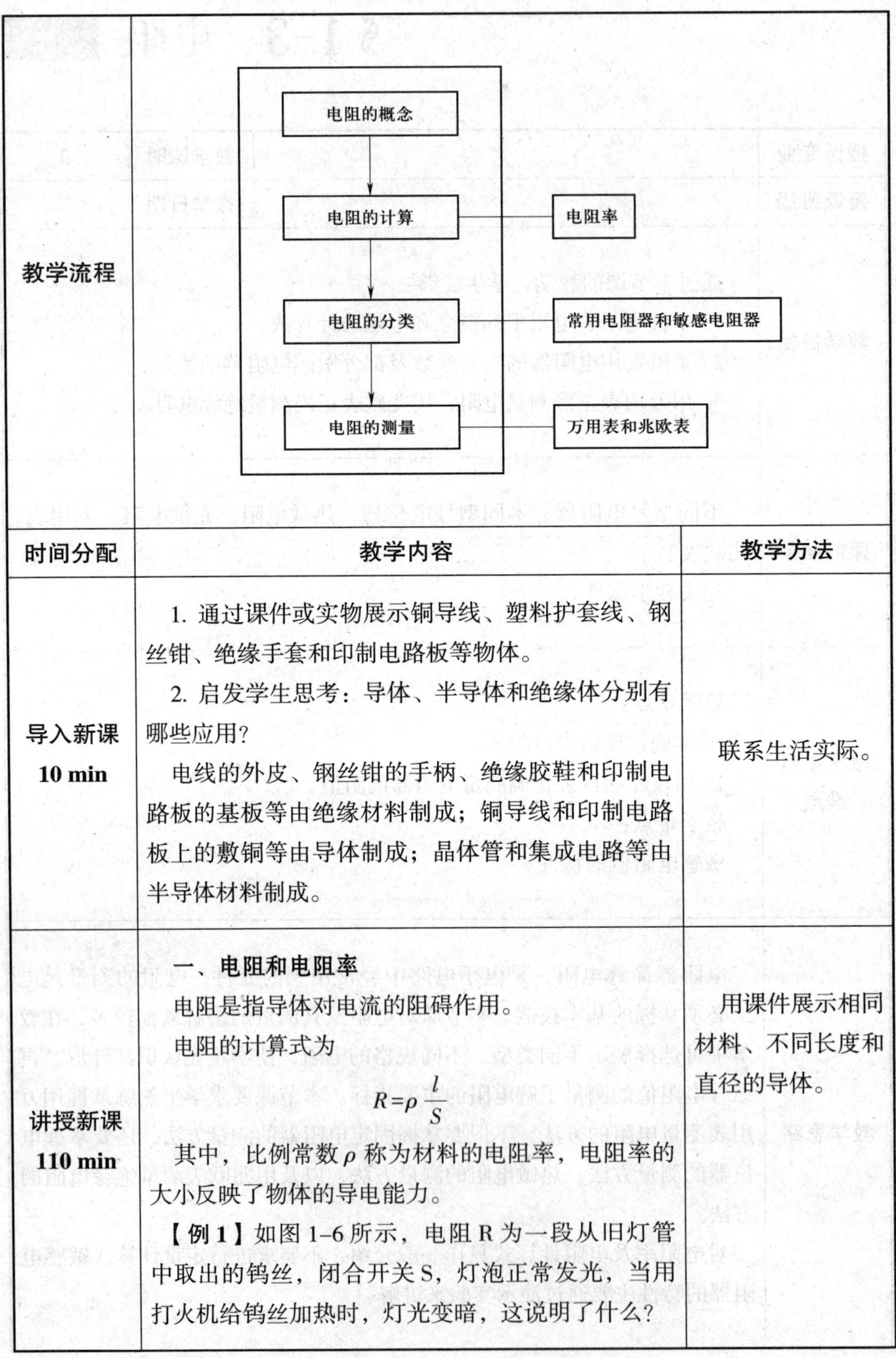

教学流程	电阻的概念 → 电阻的计算（电阻率）→ 电阻的分类（常用电阻器和敏感电阻器）→ 电阻的测量（万用表和兆欧表）	
时间分配	教学内容	教学方法
导入新课 **10 min**	1. 通过课件或实物展示铜导线、塑料护套线、钢丝钳、绝缘手套和印制电路板等物体。 2. 启发学生思考：导体、半导体和绝缘体分别有哪些应用？ 电线的外皮、钢丝钳的手柄、绝缘胶鞋和印制电路板的基板等由绝缘材料制成；铜导线和印制电路板上的敷铜等由导体制成；晶体管和集成电路等由半导体材料制成。	联系生活实际。
讲授新课 **110 min**	**一、电阻和电阻率** 电阻是指导体对电流的阻碍作用。 电阻的计算式为 $$R=\rho\frac{l}{S}$$ 其中，比例常数 ρ 称为材料的电阻率，电阻率的大小反映了物体的导电能力。 **【例 1】**如图 1–6 所示，电阻 R 为一段从旧灯管中取出的钨丝，闭合开关 S，灯泡正常发光，当用打火机给钨丝加热时，灯光变暗，这说明了什么？	用课件展示相同材料、不同长度和直径的导体。

<table>
<tr><th>时间分配</th><th>教学内容</th><th>教学方法</th></tr>
<tr>
<td>讲授新课
110 min</td>
<td>
图 1-6　例 1 电路图
这说明钨丝的电阻会随温度升高而增大。
二、常用电阻器
1. 常用电阻器的外形和符号
通过课件或实物展示，引导学生将常用电阻器分类并在表 1-4 中画出其图形符号。
表 1-4
<table>
<tr><th>电阻器名称</th><th>碳膜电阻器</th><th>带开关电位器</th><th>微调电位器</th></tr>
<tr><td>实物外形</td><td></td><td></td><td></td></tr>
<tr><td>图形符号</td><td></td><td></td><td></td></tr>
</table>
2. 电阻器的主要参数
（1）标称阻值。
（2）允许偏差。
（3）额定功率。
三、敏感电阻器
敏感电阻器是指电阻值随温度、电压、湿度、光照程度、气体环境、磁场强度和压力等状态的变化而显著变化的电阻器。
用万用表测量热敏电阻的方法：先测量常温下热敏电阻的阻值，再用通电后的电烙铁靠近热敏电阻，
</td>
<td>运用实物展示法进行教学。</td>
</tr>
</table>

<table>
<tr><th>时间分配</th><th>教学内容</th><th>教学方法</th></tr>
<tr>
<td>讲授新课
110 min</td>
<td>
观察该热敏电阻的阻值如何变化，以判断其是正温度系数热敏电阻还是负温度系数热敏电阻。
演示或引导学生进行实测，将结果记录在表 1–5 中。
表 1–5
<table>
<tr><th>热敏电阻型号</th><th>常温下电阻值</th><th>温度升高后电阻值</th><th>类型</th></tr>
<tr><td></td><td></td><td></td><td></td></tr>
</table>
【例 2】热敏电阻对温度敏感的特性可以在哪些方面有所应用?
用课件展示热敏电阻的应用（如测温、过热保护等），并让学生补充举例。
【例 3】如图 1–7 所示，接通电源，小灯泡正常发光，用手遮挡光敏电阻感光面时，灯光变暗，这说明了什么?
 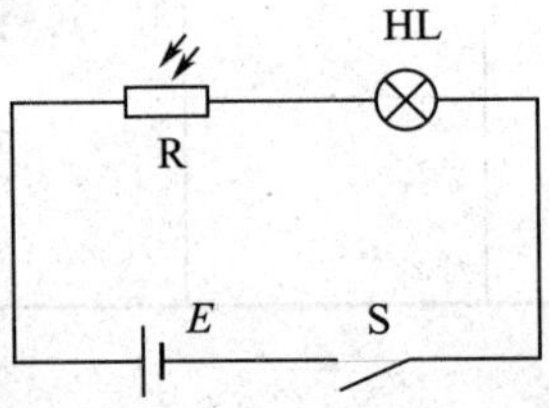
图 1–7　例 3 电路图
这说明在光线变暗时，光敏电阻的阻值增大。
【例 4】光敏电阻有哪些应用?
用课件展示光敏电阻的应用（如计数、路灯开关控制等），并让学生补充举例。
除热敏和光敏电阻外，还有湿敏、气敏、磁敏、压敏和力敏电阻等，其应用实例在互联网上有所介绍，可让学生自行查阅并互相交流（如课前已布置此任务，可在课上交流）。
</td>
<td>运用讲授法进行教学。</td>
</tr>
</table>

时间分配	教学内容	教学方法
课堂总结 10 min	本节课讲解了电阻的计算和用工具测量不同电阻的阻值，也引导学生认识了各种敏感电阻器。可要求学生用课后时间认真复习，熟悉相关知识点。	归纳并总结本节课的知识点。
布置作业	习题册相关习题。	
教学反思	本节课的实验和操作内容较多，教学效果较好。教学活动宜在实训室进行，教学实践也应适当增多。	

§1-4 电功和电功率

<table>
<tr><td>授课专业</td><td></td><td>教学课时</td><td>2</td></tr>
<tr><td>授课班级</td><td></td><td>教学日期</td><td></td></tr>
<tr><td>教学目标</td><td colspan="3">通过本节课的教学，学生能够：
1. 理解电功、电功率的概念。
2. 掌握电功、电功率和焦耳热的计算方法。
3. 正确识读电气设备所标额定值的含义。</td></tr>
<tr><td>课前准备</td><td colspan="3">相关教学课件。</td></tr>
<tr><td>教学重点难点</td><td colspan="3">教学重点：
电功、电功率的概念及其计算方法。
教学难点：
计算实际电路的电功、电功率和焦耳热。</td></tr>
<tr><td>教学思路</td><td colspan="3">本节课的内容围绕电能展开。学生在日常生活中接触较多的是能量的概念，而不是“功”，因此，结合能量的概念进行讲解，可让学生更好地联系生活经验，学习和探究新的知识点。负载的额定值关系到电气设备的工作安全，在教学中应加以强调。</td></tr>
<tr><td>教学流程</td><td colspan="3">电能转化 — 由实际应用导入新课
↓
电功 — 讨论归纳
↓
电功率 — 讨论归纳
↓
电流的热效应 — 讨论归纳
↓
负载的额定值 — 图片展示</td></tr>
</table>

<table>
<tr><th>时间分配</th><th>教学内容</th><th>教学方法</th></tr>
<tr><td>导入新课
10 min</td><td>用多媒体展示电能的相关应用实例，并引导学生联想举例，分类归纳各应用实例中电能与其他形式的能的转化类型（表 1–6）。

表 1–6
<table>
<tr><th>应用实例</th><th>转化类型</th></tr>
<tr><td>发电机</td><td>机械能 → 电能</td></tr>
<tr><td>电动机</td><td>电能 → 机械能</td></tr>
<tr><td>干电池</td><td>化学能 → 电能</td></tr>
<tr><td>电解</td><td>电能 → 化学能</td></tr>
<tr><td>照明灯</td><td>电能 → 光能
电能 → 热能</td></tr>
<tr><td>太阳能电池</td><td>光能 → 电能</td></tr>
<tr><td>光耦合器</td><td>光能 ⇆ 电能</td></tr>
<tr><td>扬声器</td><td>电能 → 机械能</td></tr>
<tr><td>话筒</td><td>机械能 → 电能</td></tr>
<tr><td>电暖器</td><td>电能 → 热能</td></tr>
</table></td><td>联系生活实际。</td></tr>
<tr><td>讲授新课
65 min</td><td>一、电功
1. 电功的定义
将电能转化为其他形式的能的过程，就是电流做功的过程。电流所做的功，称为电功。
我们在“电流和电压”中已经讨论过，电场力将单位正电荷从 a 点移到 b 点所做的功，称为 a、b 两点间的电压，即
$$U=\frac{W}{q}$$
由此可得
$$W=Uq$$
由于
$$q=It$$
所以
$$W=UIt$$</td><td>向学生演示公式推导的过程。</td></tr>
</table>

时间分配	教学内容	教学方法
讲授新课 65 min	这既是电场力所做的功，也是电路所消耗的电能。 2. 电功的两种单位 （1）焦耳，用J表示。 （2）千瓦时，用kW · h表示，1 kW · h即通常所说的1度电。 【例1】想一想。 1度电相当于 { 1 kW的电炉加热______h。 100 W的电灯照明______h。 40 W的电灯照明______h。 } 【例2】R1、R2两个电阻并联接入电路，若$R_1<R_2$，它们在相等的时间内消耗的电能分别为W_1、W_2，则(　　)。 A. $W_1>W_2$　　B. $W_1<W_2$ C. $W_1=W_2$　　D. 无法确定 【例3】甲、乙两只电灯串联接入电路，若在相等的时间内电流通过甲灯做的功比乙灯多，则两灯电阻$R_甲$、$R_乙$的关系是（　　）。 A. $R_甲<R_乙$　　B. $R_甲>R_乙$ C. $R_甲=R_乙$　　D. 无法确定 二、电功率 【例4】把家庭电路示教板接入电路，接通100 W灯泡，观察电能表的铝盘是否转动。 （1）铝盘转动意味着什么? （2）再分别接入500 W电熨斗、1 000 W电水壶，这时铝盘转动速度加快意味着什么? （3）再分别接入100 W、25 W的灯泡，观察铝盘转动速度的变化以及灯泡的亮度，铝盘转动速度与灯泡的亮度有何关系? 通过演示实验可以看到，接入1 000 W的电水壶与接入100 W的灯泡相比，电能表的铝盘转动的速度要快得多，也就是说，在单位时间内，前者电流做功的速度更快。	引导学生独立推导、分析。 运用实验演示法进行教学。

时间分配	教学内容	教学方法
讲授新课 65 min	电功率的大小反映了电流做功速度的快慢。 电功率为电流在单位时间内所做的功，用 P 表示，单位为瓦特（W），其计算式为 $P=\frac{W}{t}=UI$ 对于纯电阻电路，上式还可以写成 $P=UI=I^2R=\frac{U^2}{R}$ 上式中，当 I 一定时，P 与 R 成正比；当 U 一定时，P 与 R 成反比；当 R 一定时，P 与 I^2、U^2 成正比。 **三、电流的热效应** 电流通过导体时使导体发热的现象称为电流的热效应。 $Q=I^2Rt$ 单位为焦耳（J）。 在纯电阻电路中 $W=Q$，电能全部转化为热能；在非纯电阻电路中 $W>Q$，电能一部分转化为热能、机械能和化学能等。 **【例 5】**有人根据计算式 $P=I^2R$ 说，电功率与电阻值成正比；又有人根据计算式 $P=\frac{U^2}{R}$ 说，电功率与电阻值成反比。他们的说法对吗？为什么？ **【例 6】**观察你所在的教室有哪些用电器，计算教室每天消耗的电能。 （1）电灯________盏，每盏功率为________W。 （2）电风扇________台，每台功率为________W。 （3）其他用电器________、________，总功率为________W。 （4）教室所有用电器的总功率为________W，按平均每天用电 6 h 计算，每天消耗的电能为______J，每天用电______kW · h。	可引导学生分组讨论、总结规律。 引导学生参考生活中的用电器来填写本题。

<table>
<tr><th>时间分配</th><th>教学内容</th><th>教学方法</th></tr>
<tr><td>讲授新课
65 min</td><td>【例 7】现有“220 V/40 W”的白炽灯 5 盏。如果平均每天使用它们 4 h，每月（以 30 天计算）用电多少度？如果改用与“220 V/40 W”的白炽灯相同亮度的“220 V/15 W”的节能灯，还是平均每天使用它们 4 h，每月能节省多少度电？
因为
$$W=Pt$$
其中
$$P=40\times 5\ \text{W}=200\ \text{W}=0.2\ \text{kW}$$
$$t=4\times 30\ \text{h}=120\ \text{h}$$
所以
$$W=Pt=0.2\times 120\ \text{kW}\cdot\text{h}=24\ \text{kW}\cdot\text{h}=24\ 度$$
故每月用电 24 度。
如果改用“220 V/15 W”的节能灯，则
$$P=15\times 5\ \text{W}=75\ \text{W}=0.075\ \text{kW}$$
$$t=4\times 30\ \text{h}=120\ \text{h}$$
$$W_1=Pt=0.075\times 120\ \text{kW}\cdot\text{h}=9\ \text{kW}\cdot\text{h}$$
$$\Delta W=W-W_1=(24-9)\ \text{kW}\cdot\text{h}=15\ \text{kW}\cdot\text{h}=15\ 度$$
故每月能节省 15 度电。
由例题可知，使用节能灯在获得相同亮度的情况下，可节省大量的电能，这就是提倡使用节能灯的原因。
四、负载的额定值
部分用电器铭牌数据见表 1-7（由学生填写）。
表 1-7
<table><tr><th>名称</th><th>型号</th><th>额定电压</th><th>额定功率</th></tr><tr><td>电烙铁</td><td></td><td></td><td></td></tr><tr><td>电饭煲</td><td></td><td></td><td></td></tr><tr><td>电冰箱</td><td></td><td></td><td></td></tr><tr><td>洗衣机</td><td></td><td></td><td></td></tr><tr><td>空调</td><td></td><td></td><td></td></tr><tr><td>电动机</td><td></td><td></td><td></td></tr></table></td><td>引导学生参考生活中的用电器来填写本题。</td></tr>
</table>

时间分配	教学内容	教学方法
讲授新课 65 min	【例 8】思考以下问题。 （1）对于“36 V/60 W”的白炽灯和“220 V/40 W”的白炽灯，当它们都处于正常状态时，哪一盏灯更亮？ （2）对于“36 V/60 W”的白炽灯和“220 V/100 W”的白炽灯，当它们都处于正常状态时，哪一盏灯流经的电流大？ （3）把“220 V/25 W”的灯泡接在“220 V/1 000 W”的发电机上，灯泡会被烧坏吗？为什么？	
课堂总结 10 min	本节课讲授的电功、电功率、电流的热效应和负载的额定值都是跟生活用电息息相关的，学生们课后要认真消化课堂知识、学以致用，将课堂知识运用到实际生活中去。	归纳并总结本节课的知识点。
布置作业	习题册相关习题。	
教学反思	在本节课的教学中涉及的概念、计算较多，还涉及了能量转换的知识，所以要结合生活实际来讲解，这样可以加深学生的印象，使其更好地掌握知识。	

第二章
简单直流电路的分析

§2-1 全电路欧姆定律

<table>
<tr><td>授课专业</td><td></td><td>教学课时</td><td>2</td></tr>
<tr><td>授课班级</td><td></td><td>教学日期</td><td></td></tr>
<tr><td>教学目标</td><td colspan="3">通过本节课的教学，学生能够：
1. 理解全电路欧姆定律的内容及其表达式。
2. 运用全电路欧姆定律计算有关问题。
3. 掌握电源的外特性及电路的三种状态。</td></tr>
<tr><td>课前准备</td><td colspan="3">演示电路，教学用电流表、电压表，电阻若干。
相关教学课件。</td></tr>
<tr><td>教学重点难点</td><td colspan="3">教学重点：
1. 全电路欧姆定律。
2. 电路的三种状态。
教学难点：
利用全电路欧姆定律计算和解释有关现象。</td></tr>
<tr><td>教学思路</td><td colspan="3">学生在初中阶段学习的欧姆定律不包含电源部分，且只适用于部分电路，故称其为部分电路欧姆定律，而全电路欧姆定律包含了电源部分，同时也包含了部分电路欧姆定律的内容。运用全电路欧姆定律讨论电源端电压与负载的关系，可帮助学生理解和运用全电路欧姆定律，也能加深学生对电源电动势的理解。</td></tr>
</table>

教学流程

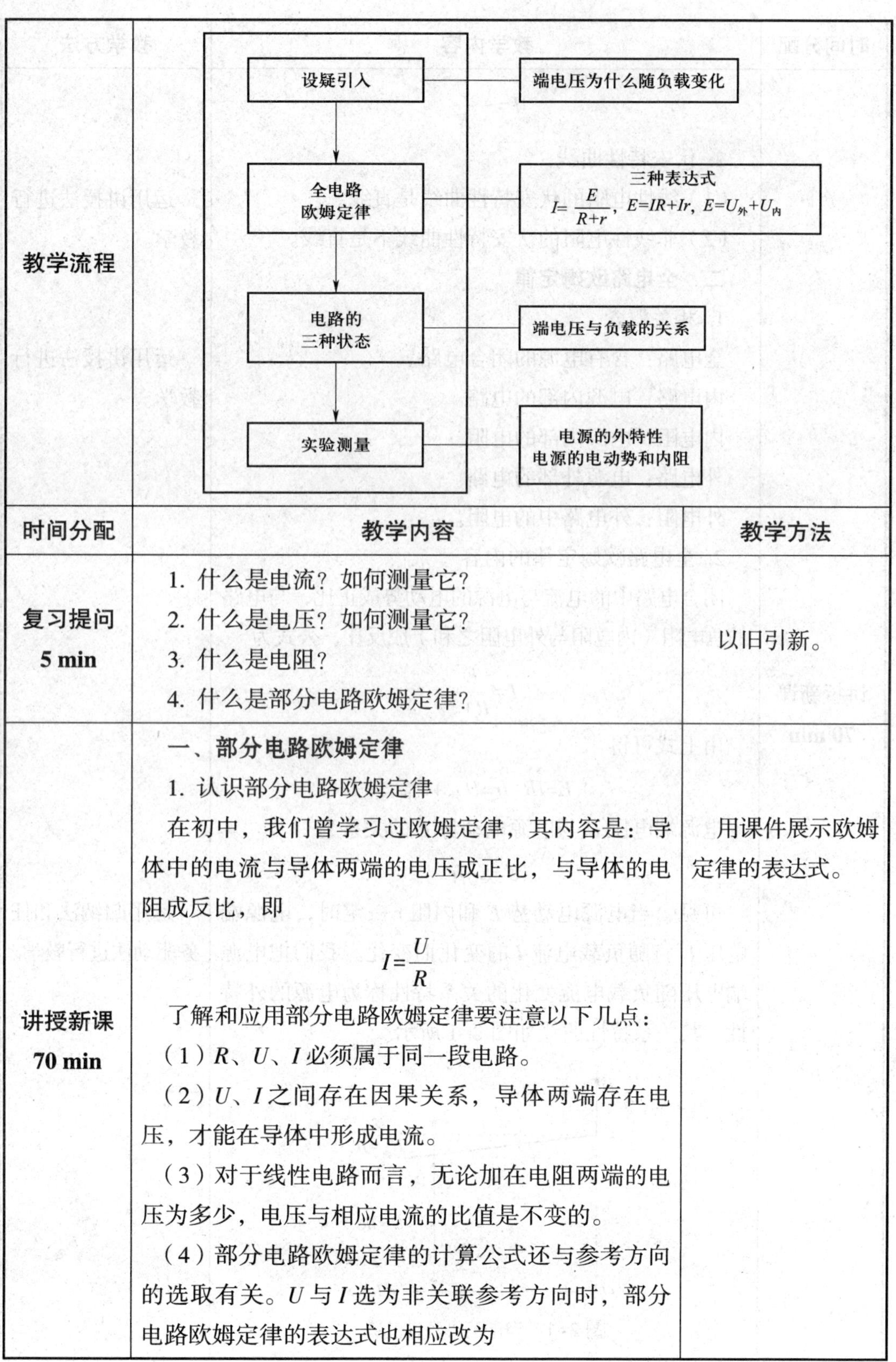

时间分配	教学内容	教学方法
复习提问 **5 min**	1. 什么是电流？如何测量它？ 2. 什么是电压？如何测量它？ 3. 什么是电阻？ 4. 什么是部分电路欧姆定律？	以旧引新。
讲授新课 **70 min**	**一、部分电路欧姆定律** 1. 认识部分电路欧姆定律 在初中，我们曾学习过欧姆定律，其内容是：导体中的电流与导体两端的电压成正比，与导体的电阻成反比，即 $I=\frac{U}{R}$ 了解和应用部分电路欧姆定律要注意以下几点： （1）R、U、I必须属于同一段电路。 （2）U、I之间存在因果关系，导体两端存在电压，才能在导体中形成电流。 （3）对于线性电路而言，无论加在电阻两端的电压为多少，电压与相应电流的比值是不变的。 （4）部分电路欧姆定律的计算公式还与参考方向的选取有关。U与I选为非关联参考方向时，部分电路欧姆定律的表达式也相应改为	用课件展示欧姆定律的表达式。

时间分配	教学内容	教学方法
讲授新课 **70 min**	$$I=-\frac{U}{R}$$ 2. 伏安特性曲线 （1）线性电阻的伏安特性曲线是直线。 （2）非线性电阻的伏安特性曲线不是直线。 **二、全电路欧姆定律** 1. 相关概念 全电路：含有电源的闭合电路。 内电路：电源内部的电路。 内电阻：电源内部的电阻。 外电路：电源外部的电路。 外电阻：外电路中的电阻。 2. 全电路欧姆定律的内容 闭合电路中的电流与电源的电动势成正比，与电路的总电阻（内电阻与外电阻之和）成反比，公式为 $$I=\frac{E}{R+r}$$ 由上式可得 $$E=IR+Ir=U_{外}+U_{内}$$ 电源端电压 U 与电源电动势 E 的关系为 $$U=E-Ir$$ 可见，当电源电动势 E 和内阻 r 一定时，电源端电压 U 将随负载电流 I 的变化而变化。我们把电源端电压随负载电流变化的关系特性称为电源的外特性，其关系特性曲线如图 2-1 所示。 图 2-1　电源的外特性曲线	运用讲授法进行教学。 运用讲授法进行教学。 运用归纳法和任务驱动法进行教学。

<table>
<tr><th>时间分配</th><th>教学内容</th><th>教学方法</th></tr>
<tr><td>讲授新课
70 min</td><td>三、电路的三种状态（图 2–2）
1. 通路
2. 开路
3. 短路 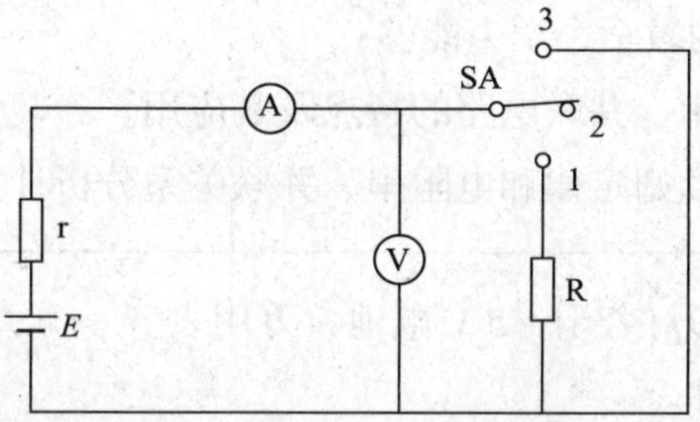

图 2–2　电路的三种状态</td><td>结合图和公式进行教学。</td></tr>
<tr><td>课堂总结
10 min</td><td>1. 欧姆定律是电工学中重要的定律之一，其包括部分电路欧姆定律与全电路欧姆定律。
2. 电路的三种状态及其特性见表 2–1。
表 2–1
<table><tr><th>电路状态</th><th>公式</th></tr><tr><td>通路</td><td>$I=\frac{E}{R+r}$，$U=E-U_r=E-Ir$</td></tr><tr><td>短路</td><td>$I=\frac{E}{r}$，$U=0$，$U_r=E$</td></tr><tr><td>开路 / 断路</td><td>$I=0$，$U=E$，$U_r=0$</td></tr></table></td><td>归纳并总结本节课的知识点。</td></tr>
<tr><td>布置作业</td><td colspan="2">习题册相关习题。</td></tr>
<tr><td>教学反思</td><td colspan="2">本节课在初中知识的基础上讲解全电路欧姆定律，让学生明白电路中端电压与电流的关系。由于学生数学基础薄弱，应直接让其从图像着手研究特殊点，思考要研究的问题，这样更便于学生理解。在条件允许的情况下可采用实验引入的教学方法，由此激发学生的学习兴趣与学习热情，完全调动学生的积极性。</td></tr>
</table>

§2-2 电阻的连接

<table>
<tr><td>授课专业</td><td></td><td>教学课时</td><td>2</td></tr>
<tr><td>授课班级</td><td></td><td>教学日期</td><td></td></tr>
<tr><td>教学目标</td><td colspan="3">通过本节课的教学，学生能够：
1. 掌握电阻串、并联电路的特点及其应用。
2. 综合运用欧姆定律和电阻串、并联关系分析计算简单电路。</td></tr>
<tr><td>课前准备</td><td colspan="3">电阻若干，彩灯若干，5 V 电池，万用表。
相关教学课件。</td></tr>
<tr><td>教学重点难点</td><td colspan="3">教学重点：
电阻串、并联电路的特点。
教学难点：
综合运用欧姆定律和电阻串、并联关系分析计算简单电路。</td></tr>
<tr><td>教学思路</td><td colspan="3">电阻的连接是欧姆定律的具体应用，本节课主要利用电阻串、并联电路的电流、电压特点和欧姆定律，让学生在理论和实验的基础上分析、推理，得出串联电路和并联电路的总电阻与分电阻的关系，并利用电阻串、并联电路的特点分析和解决实际生活中的分压、限流问题。</td></tr>
<tr><td>教学流程</td><td colspan="3">电阻的串联 — 复习提问、讨论归纳
↓
电阻的并联 — 复习提问、讨论归纳
↓
电阻的混联 — 课堂讨论
↓
电池的连接 — 实验演示</td></tr>
</table>

<table>
<tr><th>时间分配</th><th>教学内容</th><th>教学方法</th></tr>
<tr><td>导入新课
5 min</td><td>可从学生最为熟悉的生活用电引入，例如，设计如下问题：
1. 教室的日光灯之间是什么样的连接关系？如果其中一盏灯坏了，其他灯的状态将如何？
2. 夜晚，树上一串串的彩灯是什么样的连接关系？如果其中一只彩灯坏了，其他彩灯的状态又将如何？
适时加以引导，讲明以上问题中用电器的连接关系，从而引出电阻串、并联的概念。</td><td>联系生活实际。</td></tr>
<tr><td>讲授新课
70 min</td><td>一、电阻的串联
1. 形式
把多个元件逐个顺次连接起来，就组成了串联电路。图 2–3 所示是由 3 个电阻组成的串联电路。 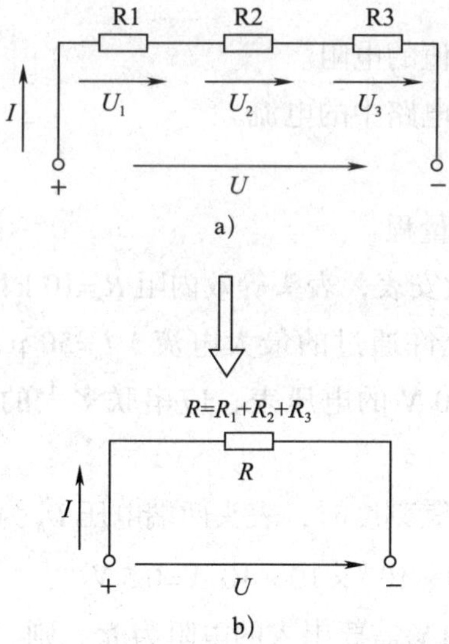
a）
$R=R_1+R_2+R_3$
b）
图 2–3　电阻的串联
a）电阻的串联电路　b）等效电路
2. 特点
（1）电路中流过每个电阻的电流都相等。
（2）电路两端的总电压等于各电阻两端的分电压之和，即
$$U=U_1+U_2+\cdots+U_n$$</td><td>运用讲授法进行教学。
在讲授过程中可复习欧姆定律的相关知识点。</td></tr>
</table>

时间分配	教学内容	教学方法
讲授新课 70 min	（3）电路的等效电阻（即总电阻）等于各串联电阻之和，即 $$R=R_1+R_2+\cdots+R_n$$ （4）电路中各个电阻两端的电压与它的阻值成正比，即 $$\frac{U_1}{R_1}=\frac{U_2}{R_2}=\cdots=\frac{U_n}{R_n}$$ 上式表明，在串联电路中，阻值越大的电阻分配到的电压越大，反之电压越小。 若已知 R1 和 R2 两个电阻串联，电路总电压为 U，可得分压公式如下 $$U_1=U\frac{R_1}{R_1+R_2} \quad U_2=U\frac{R_2}{R_1+R_2}$$ 3. 应用 （1）获得较大阻值的电阻。 （2）限制和调节电路中的电流。 （3）构成分压器。 （4）扩大电压表量程。 **【例 1】**有一只微安表，表头等效内阻 R_a=10 kΩ，满刻度电流（即允许通过的最大电流）I_a=50 μA，如改装成量程为 10 V 的电压表，应串联多大的电阻？ 按题意，当表头满刻度时，表头两端电压 U_a 为 $$U_a=I_aR_a=50\times10^{-6}\times10\times10^3\ \text{V}=0.5\ \text{V}$$ 设量程扩大到 10 V 需要串入的电阻为 R_x，则 $$R_x=\frac{U_x}{I_a}=\frac{U-U_a}{I_a}=\frac{10-0.5}{50\times10^{-6}}\ \Omega=190\ \text{k}\Omega$$ **二、电阻的并联** 1. 形式 把多个元件并列地连接起来，由同一电源供电，就组成了并联电路。图 2–4 所示是由三个电阻组成的并联电路。	运用求解教学法进行教学。

时间分配	教学内容	教学方法
讲授新课 70 min	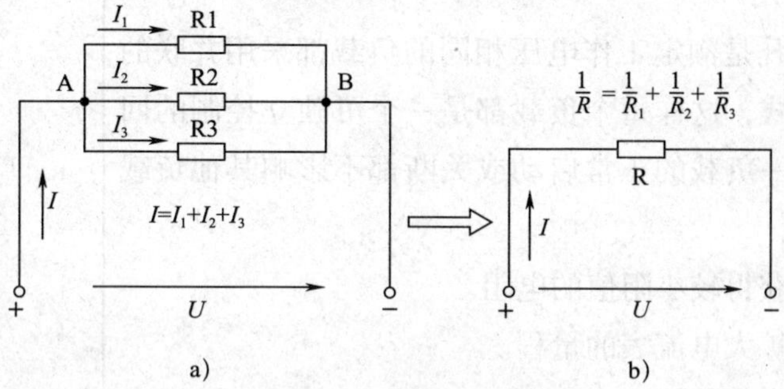 I_1 R1 I_2 R2 I_3 R3 A B I $I=I_1+I_2+I_3$ + U − a) $\frac{1}{R}=\frac{1}{R_1}+\frac{1}{R_2}+\frac{1}{R_3}$ R I + U − b) 图 2-4　电阻的并联 a）电阻的并联电路　b）等效电路 2. 特点 （1）电路中各电阻两端的电压相等，且等于电路两端的电压。 （2）电路的总电流等于流过各电阻的电流之和，即 $$I=I_1+I_2+\cdots+I_n$$ （3）电路的等效电阻（即总电阻）的倒数等于各并联电阻的倒数之和，即 $$\frac{1}{R}=\frac{1}{R_1}+\frac{1}{R_2}+\cdots+\frac{1}{R_n}$$ （4）电路中通过各支路的电流与支路的阻值成反比，即 $$IR=I_1R_1=I_2R_2=\cdots=I_nR_n$$ 上式表明，阻值越大的电阻分配到的电流越小，反之电流越大。若已知 R1 和 R2 两个电阻并联，电路的总电流为 I，可得分流公式如图 2-5 所示。 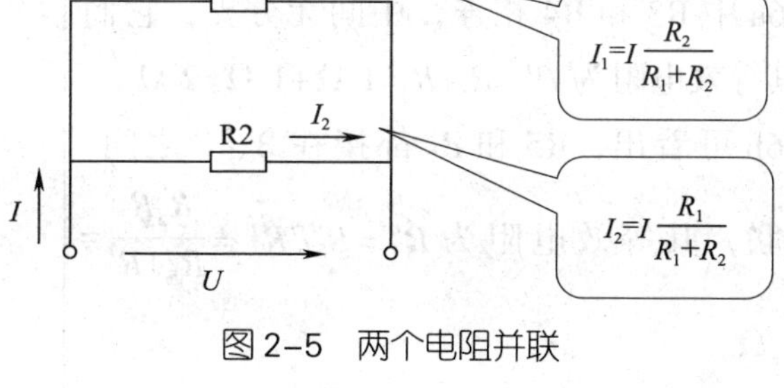 R1 I_1 $I_1=I\frac{R_2}{R_1+R_2}$ R2 I_2 $I_2=I\frac{R_1}{R_1+R_2}$ I U 图 2-5　两个电阻并联	运用推导归纳法进行教学。 根据欧姆定律，推导总结出电路的特点。

时间分配	教学内容	教学方法
讲授新课 **70 min**	3. 应用 （1）凡是额定工作电压相同的负载都采用并联的工作方式，这样每个负载都是一个可独立控制的回路，任一负载的正常启动或关断都不影响其他负载的使用。 （2）获得较小阻值的电阻。 （3）扩大电流表的量程。 **三、电阻的混联** 电路中元件既有串联又有并联的连接方式称为混联。 **【例 2】**已知图 2–6 中的 $R_1=R_2=R_3=R_4=R_5=1\ \Omega$，求 A、B 间的等效电阻 R_{AB}。 分析电路图，可画出一系列的等效电路，然后进行计算。 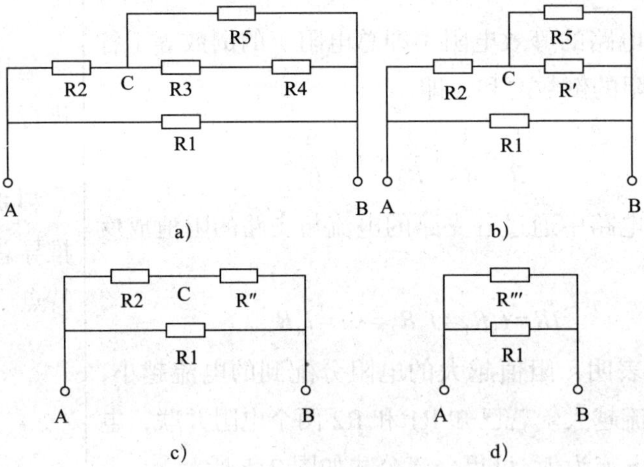 图 2–6　例 2 电路图 在图 2–6a 中 R3 和 R4 相连，中间无分支，它们是串联，其等效电阻为 $R'=R_3+R_4=1\ \Omega+1\ \Omega=2\ \Omega$。 由图 2–6b 可看出，R5 和 R′ 都接在 B、C 之间，它们是并联，其等效电阻为 $R''=R_5//R'=\frac{R_5R'}{R_5+R'}=\frac{1\times 2}{1+2}\ \Omega=\frac{2}{3}\ \Omega$。	演示等效电路的转换计算过程。

<table>
<tr><th>时间分配</th><th>教学内容</th><th>教学方法</th></tr>
<tr>
<td>讲授新课
70 min</td>
<td>
由图 2–6c 可看出，R2 和 R″串联，其等效电阻为$R'''=R_2+R''=1\ \Omega+\frac{2}{3}\ \Omega=\frac{5}{3}\ \Omega$。
由图 2–6d 可看出，R1 和 R‴并联，其等效电阻为 $R_{AB}=R_1//R'''=\frac{1\times\frac{5}{3}}{1+\frac{5}{3}}\ \Omega=\frac{5}{8}\ \Omega$。
【例 3】有 3 个电阻 $R_1>R_2>R_3$，若这 3 个电阻并联使用，等效电阻值为 R，以上 4 个阻值哪个最大？哪个最小？
R_1 的值最大，等效电阻值 R 的值最小。
【例 4】现有额定值分别为“220 V/100 W”“220 V/40 W”的两只灯泡，问：
（1）若把这两只灯泡串联在 220 V 的电源上使用，哪个灯泡更亮？
（2）若把这两只灯泡并联在 220 V 的电源上使用，哪个灯泡更亮？
两只灯泡的电阻分别为 484 Ω 和 1 210 Ω，根据串、并联电路的特点可知，灯泡串联时，实际功率 $P_1<P_2$，40 W 的灯泡比 100 W 的亮；灯泡并联时，实际功率 $P_1>P_2$，100 W 的灯泡比 40 W 的亮。
【例 5】灯泡 A 的额定电压 U_1=6 V，额定电流 I_1=0.5 A；灯泡 B 的额定电压 U_2=5 V，额定电流 I_2=1 A。现有电源电压 U=12 V，如何设计电路可使两个灯泡都正常工作？
四、电池的连接（表 2–2）
表 2–2
<table>
<tr><th></th><th>串联电池组</th><th>并联电池组</th></tr>
<tr><td>实物图</td><td> 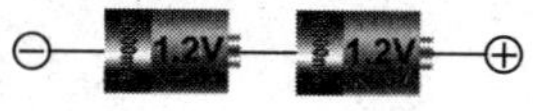</td><td> 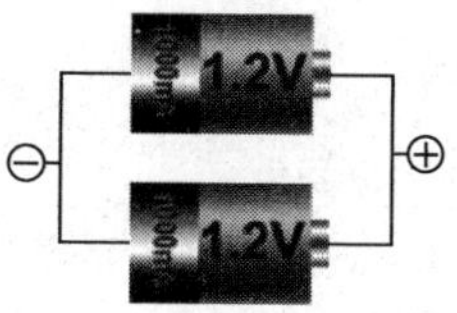</td></tr>
</table>
</td>
<td>引导学生分组完成例题，检验学习成果。</td>
</tr>
</table>

<table>
<tr><th>时间分配</th><th>教学内容</th><th>教学方法</th></tr>
<tr><td>讲授新课
70 min</td><td>续表
<table>
<tr><th></th><th>串联电池组</th><th>并联电池组</th></tr>
<tr><td>用途</td><td>提高电动势</td><td>输出较大电流</td></tr>
<tr><td>特点</td><td>$E_{串}=nE$
$r_{串}=nr$</td><td>$E_{并}=E$
$r_{并}=\frac{r}{n}$</td></tr>
</table>
</td><td></td></tr>
<tr><td>课堂总结
10 min</td><td>电阻串联电路与并联电路的主要规律见表 2-3。
表 2-3
<table>
<tr><th></th><th>电阻串联电路</th><th>电阻并联电路</th></tr>
<tr><td>电压</td><td>总电压为各电阻两端的分电压之和</td><td>总电压等于电路两端的电压</td></tr>
<tr><td>电流</td><td>电流处处相等</td><td>总电流等于流过各电阻的电流之和</td></tr>
<tr><td>等效电阻</td><td>等效电阻等于各串联电阻之和</td><td>等效电阻的倒数等于各并联电阻的倒数和</td></tr>
<tr><td>扩大电表量程</td><td>扩大电压表量程</td><td>扩大电流表量程</td></tr>
</table>
</td><td>归纳并总结本节课的知识点。</td></tr>
<tr><td>布置作业</td><td colspan="2">习题册相关习题。</td></tr>
<tr><td>教学反思</td><td colspan="2">本节课通过理论推导讲解了电阻串、并联电路。在研究方法上，突出讲解了等效替代法，此方法的具体操作对于学生来说具有一定的理解难度，集中体现在等效电路转换部分。</td></tr>
</table>

§2-3　直流电桥

<table>
<tr><td>授课专业</td><td colspan="2"></td><td>教学课时</td><td>2</td></tr>
<tr><td>授课班级</td><td colspan="2"></td><td>教学日期</td><td></td></tr>
<tr><td>教学目标</td><td colspan="4">通过本节课的教学，学生能够：
1. 掌握直流电桥的平衡条件和用直流电桥测量电阻的方法。
2. 了解不平衡直流电桥的应用。
3. 用直流电桥正确测量电阻。</td></tr>
<tr><td>课前准备</td><td colspan="4">直流电桥演示电路。
相关教学课件。</td></tr>
<tr><td>教学重点难点</td><td colspan="4">教学重点：
直流电桥平衡的判断方法。
教学难点：
不平衡直流电桥在测量和控制电路中的应用。</td></tr>
<tr><td>教学思路</td><td colspan="4">本节课主要介绍直流电桥电路的结构，在讲授过程中，应侧重讲解直流电桥平衡时的电路分析及其应用，对于直流电桥不平衡时的应用则以介绍、了解为主。</td></tr>
<tr><td>教学流程</td><td colspan="4">直流电桥的平衡条件 — 分析讲解
↓
直流电桥的应用 — 课件展示
↓
不平衡直流电桥的应用 — 课件展示</td></tr>
<tr><td>时间分配</td><td colspan="2">教学内容</td><td colspan="2">教学方法</td></tr>
<tr><td>导入新课
5 min</td><td colspan="2">电桥是测量技术中常用的一种电路形式，可利用电桥测量未知电阻的阻值、利用电桥测量温度或质量等。本节课我们将介绍电桥中的直流电桥及其应用。</td><td colspan="2">联系生活实际。</td></tr>
</table>

时间分配	教学内容	教学方法
讲授新课 70 min	**一、直流电桥实物图和电路图** 1. 直流电桥实物图 直流电桥实物图如图 2–7 所示。 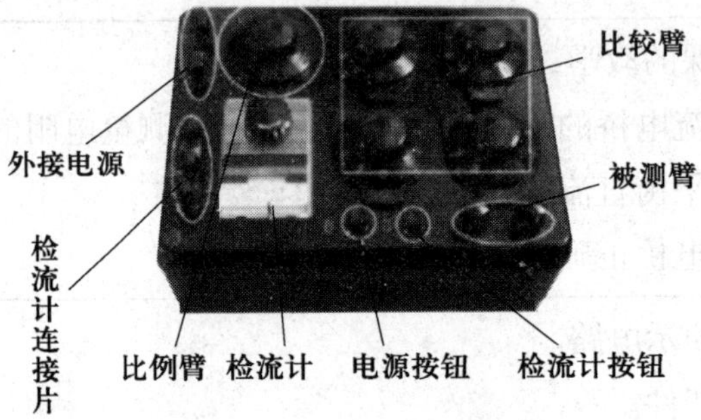 图 2–7　直流电桥实物图	运用实物展示法进行教学。
	2. 直流电桥电路图 直流电桥电路图如图 2–8 所示，R_X 是待测电阻。 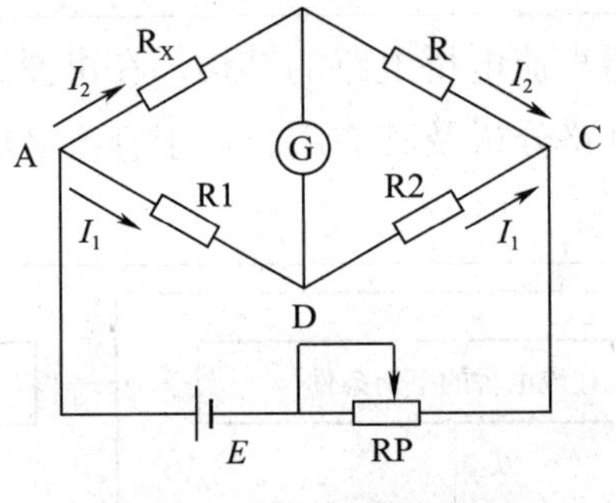 图 2–8　直流电桥电路图	用课件展示直流电桥电路图。
	上图中 R_X、R、R1、R2 四个电阻都称为桥臂，检流计 G 则用于检测 B、D 支路上有无电流流过。	运用讲授法进行教学。
	根据 $U_{AD}=U_{AB}\quad U_{BC}=U_{DC}$ $R_1I_1=R_XI_2\quad R_2I_1=RI_2$ 可得 $R_1R=R_2R_X$ 即电桥对臂电阻的乘积相等。 上图所示的待测电阻 R_X 的阻值可用下式计算	根据电桥平衡时的电位相等来进行公式推导。

<table>
<tr><th>时间分配</th><th>教学内容</th><th>教学方法</th></tr>
<tr><td>讲授新课
70 min</td><td>$$R_X=\frac{R_1}{R_2}R$$
R_1 与 R_2 之间通常为整十倍的关系，通过比例臂调节，这样方便计算 R_X 的阻值。
二、不平衡直流电桥的应用
1. 测量温度
（1）测量温度需要用热敏电阻。
（2）原理
温度变化→电阻值变化。
用电桥测出电阻值的变化量，即可间接得知温度的变化量。
2. 测量质量
（1）测量质量需要用电阻应变片。
（2）原理
压力变化→电压变化。
用电桥电路把电阻的变化量转换成电压的变化量，经过电压放大器放大和处理后显示物体的质量。</td><td>用课件展示不平衡直流电桥的应用。</td></tr>
<tr><td>课堂总结
10 min</td><td>1. 直流电桥平衡的条件是什么？
2. 不平衡直流电桥在生活中的应用有哪些？</td><td>通过提问的方式归纳并总结本节课的知识点。</td></tr>
<tr><td>布置作业</td><td colspan="2">习题册相关习题。</td></tr>
<tr><td>教学反思</td><td colspan="2">本节课主要讲解了什么是直流电桥、直流电桥在测量技术中的应用。要通过小组讨论启发学生思考如何运用直流电桥来进行生活中的测量。</td></tr>
</table>

第三章 复杂直流电路的分析

§3-1 基尔霍夫定律

<table>
<tr><td>授课专业</td><td></td><td>教学课时</td><td>4</td></tr>
<tr><td>授课班级</td><td></td><td>教学日期</td><td></td></tr>
<tr><td>教学目标</td><td colspan="3">通过本节课的教学，学生能够：
1. 了解复杂电路和简单电路的区别，了解复杂电路的基本术语。
2. 掌握基尔霍夫第一定律的内容，并了解其应用。
3. 掌握基尔霍夫第二定律的内容，并了解其应用。</td></tr>
<tr><td>课前准备</td><td colspan="3">相关教学课件。</td></tr>
<tr><td>教学重点难点</td><td colspan="3">教学重点：
基尔霍夫定律在支路电流法中的应用。
教学难点：
确定节点电流和回路电压的参考方向。</td></tr>
<tr><td>教学思路</td><td colspan="3">本节课主要介绍什么是复杂电路及分析复杂电路的基尔霍夫定律的应用。本节课的内容为理论计算，学生应认真掌握新的知识概念，为后续分析计算复杂电路打下基础。</td></tr>
</table>

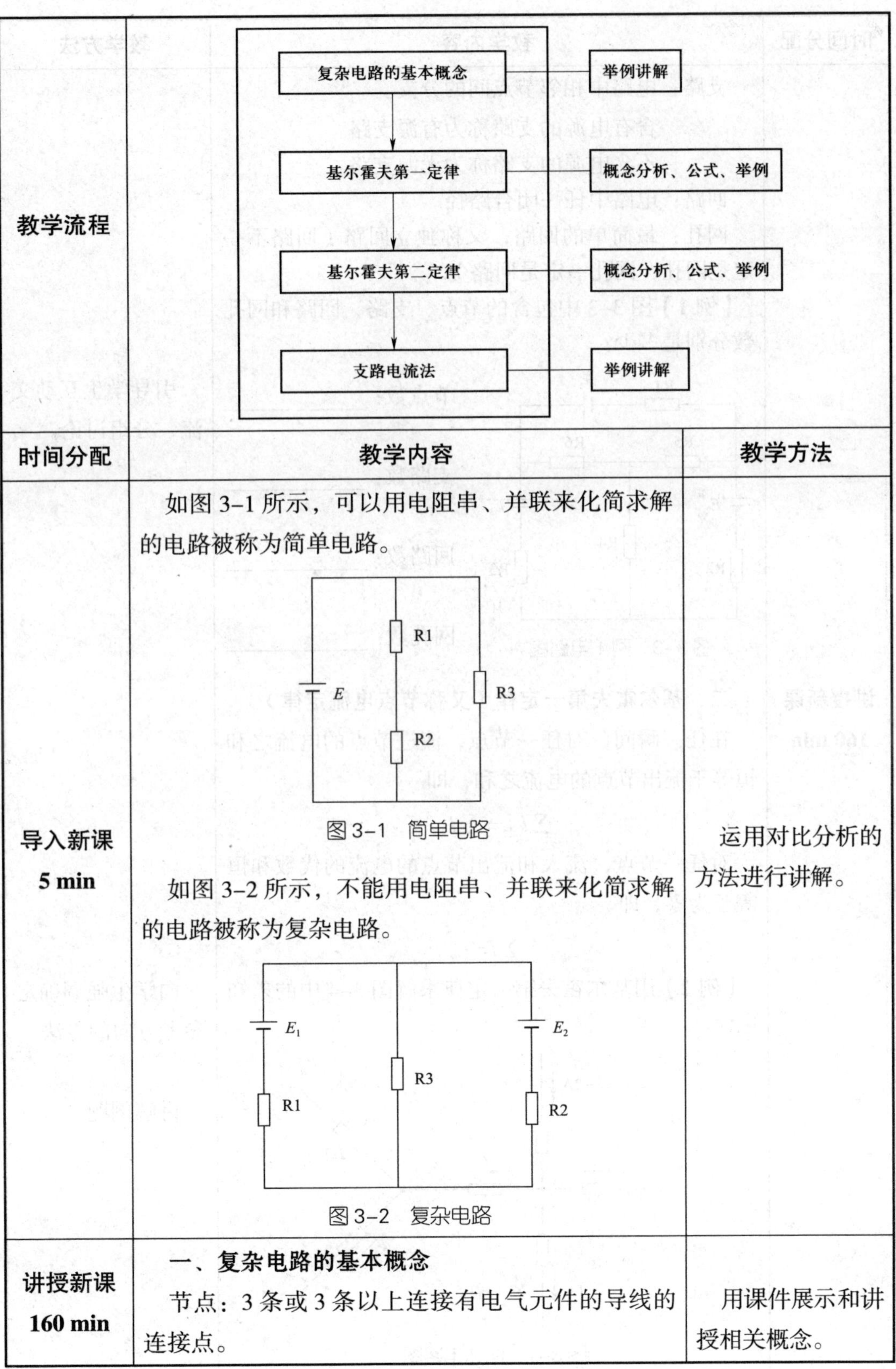

教学流程	复杂电路的基本概念 —— 举例讲解 ↓ 基尔霍夫第一定律 —— 概念分析、公式、举例 ↓ 基尔霍夫第二定律 —— 概念分析、公式、举例 ↓ 支路电流法 —— 举例讲解	
时间分配	教学内容	教学方法
导入新课 5 min	如图 3–1 所示，可以用电阻串、并联来化简求解的电路被称为简单电路。 （电路图标注：R1、E、R3、R2） 图 3–1　简单电路 如图 3–2 所示，不能用电阻串、并联来化简求解的电路被称为复杂电路。 （电路图标注：E_1、R3、E_2、R1、R2） 图 3–2　复杂电路	运用对比分析的方法进行讲解。
讲授新课 160 min	**一、复杂电路的基本概念** 节点：3 条或 3 条以上连接有电气元件的导线的连接点。	用课件展示和讲授相关概念。

<table>
<tr><th>时间分配</th><th>教学内容</th><th>教学方法</th></tr>
<tr><td>讲授新课
160 min</td><td>支路：电路中相邻节点间的分支。
含有电源的支路称为有源支路。
不含电源的支路称为无源支路。
回路：电路中任一闭合路径。
网孔：最简单的回路，又称独立回路（回路不一定是网孔，网孔一定是回路）。
【例 1】图 3–3 中包含的节点、支路、回路和网孔数分别是多少？ 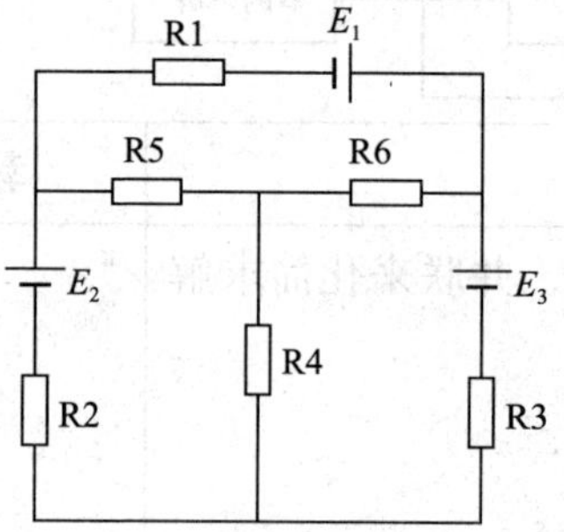
R1 E1 R5 R6 E2 E3 R4 R2 R3
图 3–3 例 1 电路图
节点数：________
支路数：________
回路数：________
网孔数：________
二、基尔霍夫第一定律（又称节点电流定律）
在任一瞬间，对任一节点，流进节点的电流之和恒等于流出节点的电流之和，即
$$\sum I_{进}=\sum I_{出}$$
对任一节点，流入和流出节点的电流的代数和恒等于为零，即
$$\sum I=0$$
【例 2】用基尔霍夫第一定律求解图 3–4 中的未知电流。 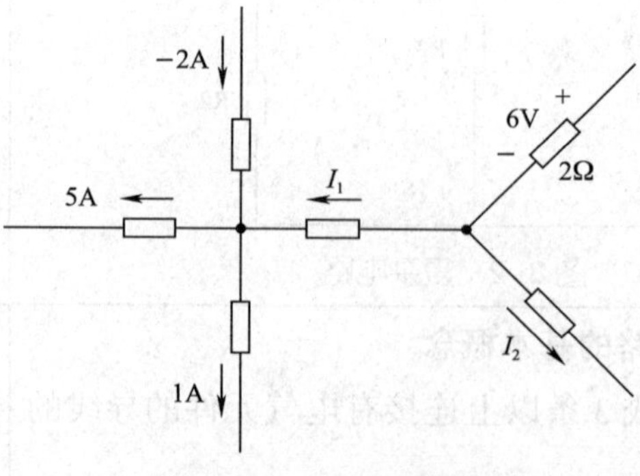
−2A 6V + − 2Ω 5A I_1 I_2 1A
图 3–4 例 2 电路图</td><td>引导学生互动交流、分组讨论。

向学生强调确定参考方向的方法。

讲解例题。</td></tr>
</table>

时间分配	教学内容	教学方法
讲授新课 160 min	**三、基尔霍夫第二定律（又称回路电压定律）** 在任一回路，回路中电动势的代数和恒等于电阻上电压降的代数和，即 $\sum E=\sum IR$ 在任一回路，各段电路电压降的代数和恒等于零，即 $\sum U=0$ **【例 3】**用基尔霍夫第二定律求解图 3–5 中回路电流的大小。 图 3–5　例 3 电路图 **四、支路电流法** 利用基尔霍夫第一定律和基尔霍夫第二定律求解各支路的电流。 1. 先标出网孔参考方向，再标出各支路电流方向。 2. 找出节点，列出节点电流方程（基尔霍夫第一定律）。 3. 列出各回路电压方程（基尔霍夫第二定律）。 4. 联立节点电流方程和回路电压方程，求解。 **【例 4】**用支路电流法求解图 3–6 中的各支路电流。 图 3–6　例 4 电路图	用课件展示和讲授相关概念。 讲解例题。 向学生强调参考方向不同则答案的符号不同。

时间分配	教学内容	教学方法
讲授新课 **160 min**	步骤一：标出节点、参考方向和电流方向，如图 3–7 所示。 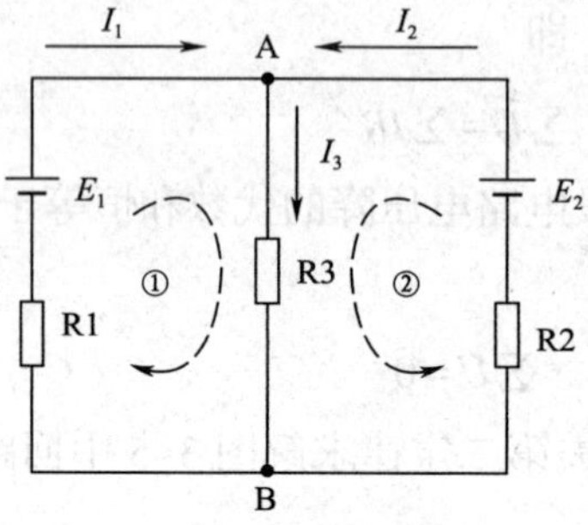 图 3–7　例 4 步骤 步骤二：列出节点 A 的节点电流方程。 $I_1+I_2-I_3=0$ 步骤三：列出回路 1 和回路 2 的回路电压方程。 回路 1：$I_1R_1+I_3R_3=E_1 \rightarrow I_1\times 4\ \Omega+I_3\times 2\ \Omega=12\ \text{V}$ $\rightarrow I_1\times 2\ \Omega+I_3\times 1\ \Omega=6\ \text{V}$ 回路 2：$I_2R_2+I_3R_3=E_2 \rightarrow I_2\times 4\ \Omega+I_3\times 2\ \Omega=16\ \text{V}$ $\rightarrow I_2\times 2\ \Omega+I_3\times 1\ \Omega=8\ \text{V}$ 步骤四：联立，求解。 $\begin{cases} I_1+I_2-I_3=0 \\ I_1\times 2\ \Omega+I_3\times 1\ \Omega=6\ \text{V} \\ I_2\times 2\ \Omega+I_3\times 1\ \Omega=8\ \text{V} \end{cases}$ 得：$\begin{cases} I_1=1.25\ \text{A} \\ I_2=2.25\ \text{A} \\ I_3=3.5\ \text{A} \end{cases}$	注意若有 n 个节点，列 n–1 个节点电流方程；若有 m 条支路，列 m–（n–1）个独立回路电压方程。
课堂总结 **10 min**	1. 什么是节点、支路、回路和网孔？ 2. 基尔霍夫第一定律、基尔霍夫第二定律的概念和公式分别是什么？ 3. 利用支路电流法求解各支路电流的步骤是什么？	通过提问的方式归纳并总结本节课的知识点。
布置作业	习题册相关习题。	
教学反思	本节课所讲解的电路虽是直流电路，但是不能直接用电阻的串、并联来化简求解，这样的电路被称为复杂电路。在讲解用基尔霍夫定律分析电路时，一定要强调参考方向的设定，不设定参考方向不可求解。	

§3-2　电压源与电流源的等效变换

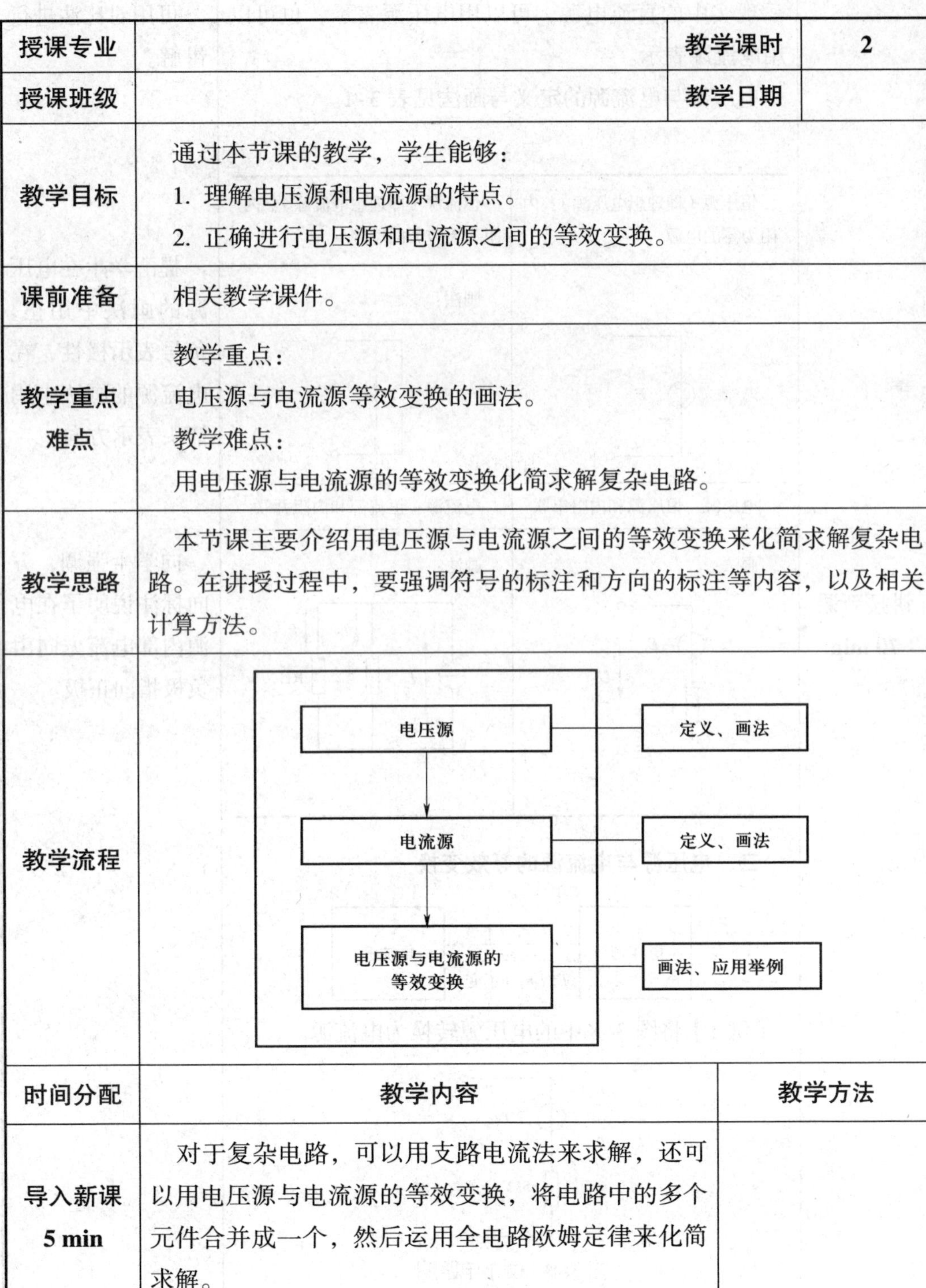

授课专业		教学课时	2
授课班级		教学日期	
教学目标	通过本节课的教学，学生能够： 1. 理解电压源和电流源的特点。 2. 正确进行电压源和电流源之间的等效变换。		
课前准备	相关教学课件。		
教学重点 难点	教学重点： 电压源与电流源等效变换的画法。 教学难点： 用电压源与电流源的等效变换化简求解复杂电路。		
教学思路	本节课主要介绍用电压源与电流源之间的等效变换来化简求解复杂电路。在讲授过程中，要强调符号的标注和方向的标注等内容，以及相关计算方法。		
教学流程	电压源 — 定义、画法 电流源 — 定义、画法 电压源与电流源的等效变换 — 画法、应用举例		
时间分配	教学内容	教学方法	
导入新课 5 min	对于复杂电路，可以用支路电流法来求解，还可以用电压源与电流源的等效变换，将电路中的多个元件合并成一个，然后运用全电路欧姆定律来化简求解。		

<table>
<tr><th>时间分配</th><th>教学内容</th><th>教学方法</th></tr>
<tr><td>讲授新课
70 min</td><td>

一、电压源与电流源

现实中的直流电源，可以用电压源表示，也可以用电流源表示。

电压源与电流源的定义与画法见表 3–1。

表 3–1

<table>
<tr><td>恒压源（即理想电压源）：内阻为零的电源</td><td>恒流源（即理想电流源）：内阻为无穷大的电源</td></tr>
<tr><td>画法： 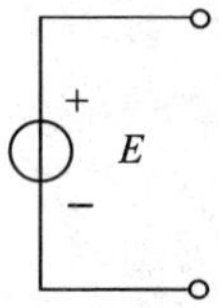
+ E −</td><td>画法： 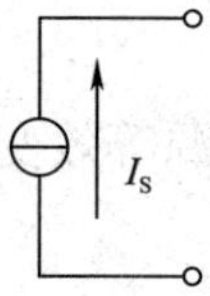
I_S</td></tr>
<tr><td>电压源：恒压源和内阻串联</td><td>电流源：恒流源和内阻并联</td></tr>
<tr><td>画法： 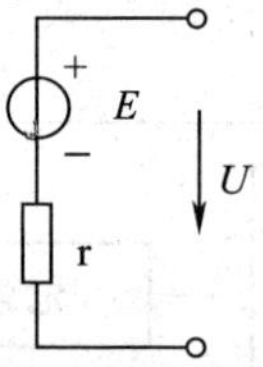
+ E − U r</td><td>画法： 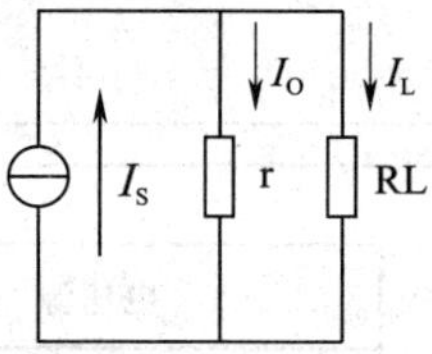
I_S I_O r I_L RL</td></tr>
</table>

二、电压源与电流源的等效变换

电压源 ⇄ 电流源：$I_S=E/r$，r不变；$E=I_Sr$，r不变

【例 1】将图 3–8 中的电压源转换为电流源。

+ 20V − 5Ω

图 3–8　例 1 电路图

</td><td>

可用对比法进行讲解。

提醒学生在电压源的画法中用正、负号表示极性，在电流源的画法中用箭头表示方向。

向学生强调，方向标注说明了在电源内部电流方向由负极指向正极。

</td></tr>
</table>

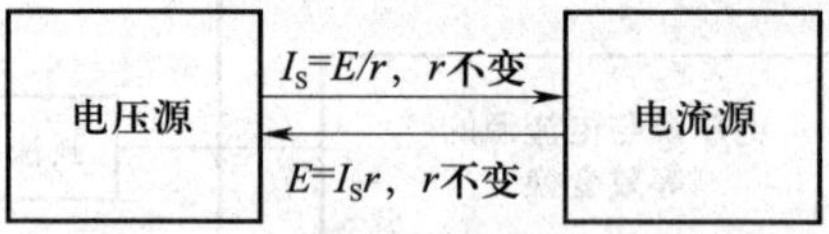

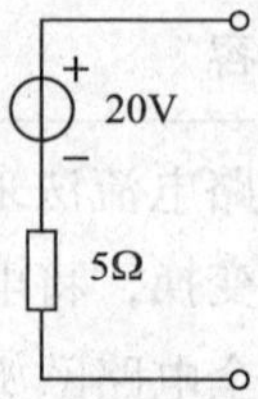

时间分配	教学内容	教学方法
讲授新课 70 min	$I_S=E/r=20\ V/5\ \Omega=4\ A$ 方向由电压源负极指向正极。 r 不变，仍为 5 Ω。 结果如图 3-9 所示。 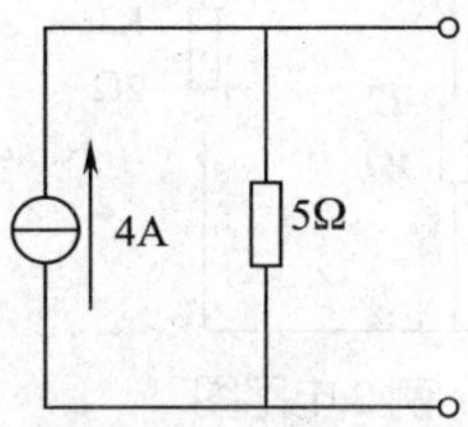 图 3-9　例 1 结果 【例 2】将图 3-10 中的电流源转换为电压源。 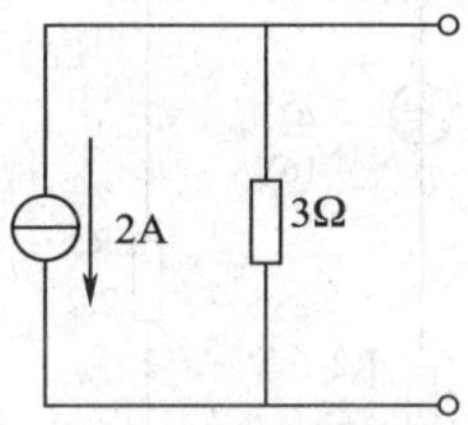 图 3-10　例 2 电路图 $E=I_S r=2\times 3\ V=6\ V$ 正负极由电流源电流的参考方向来判断，上负下正。 r 不变，仍为 3 Ω。 结果如图 3-11 所示。 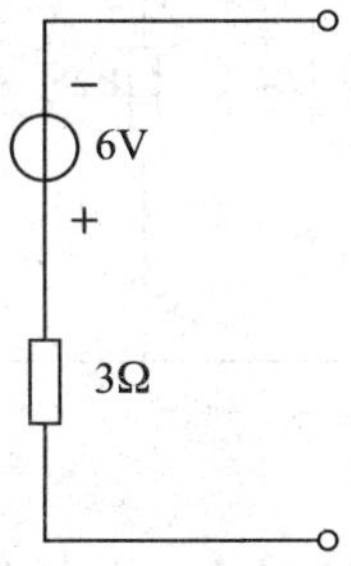 图 3-11　例 2 结果	向学生强调，方向标注说明了在电源内部电压的极性与箭头方向一致。

时间分配	教学内容	教学方法
讲授新课 70 min	【例 3】用等效变换法将图 3–12 中的多个电源转换成一个电源，并求 R3 支路的电流。 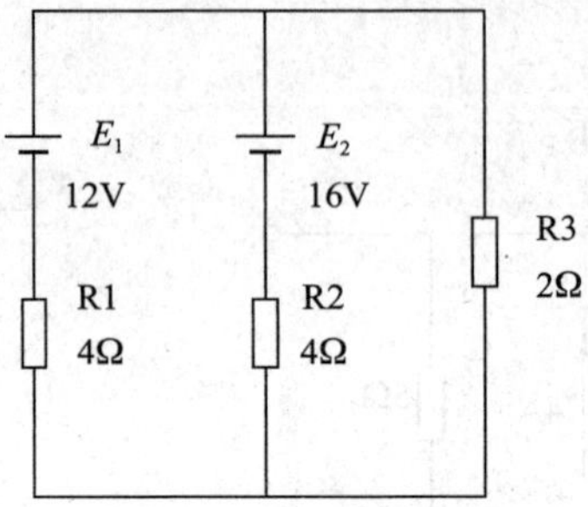 图 3–12　例 3 电路图 步骤一：将电源 E_1 和 E_2 换成电压源，如图 3–13 所示。 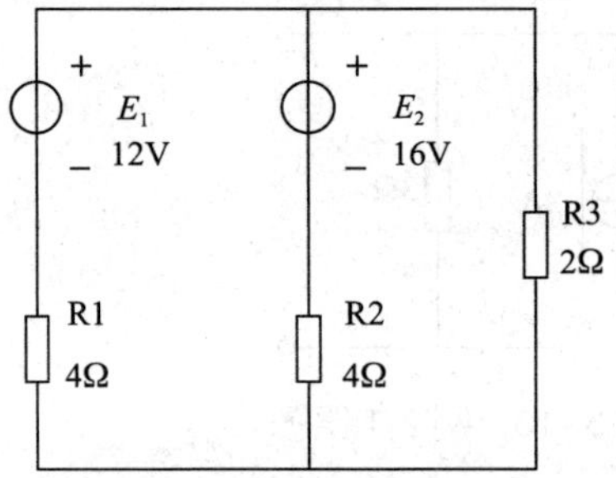 图 3–13　例 3 步骤一 步骤二：将两个电压源分别等效变换成电流源，如图 3–14 所示。 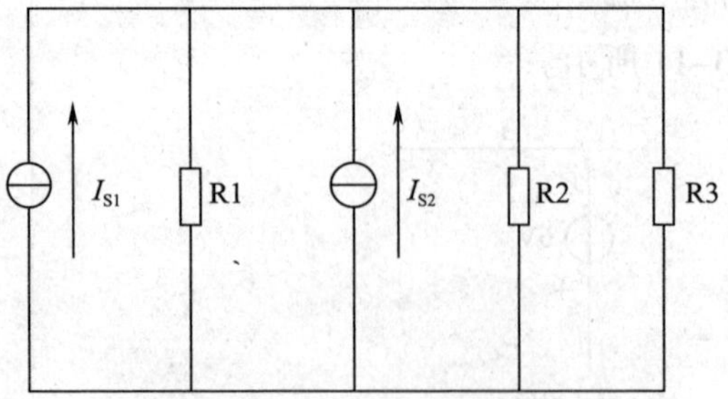 图 3–14　例 3 步骤二 $I_{S1}=E_1/R_1=12\ \text{V}/4\ \Omega=3\ \text{A}$，$R_1=4\ \Omega$ $I_{S2}=E_2/R_2=16\ \text{V}/4\ \Omega=4\ \text{A}$，$R_2=4\ \Omega$	

时间分配	教学内容	教学方法
讲授新课 70 min	步骤三：合并 I_{S1} 和 I_{S2}、R_1 和 R_2，如图 3–15 所示。 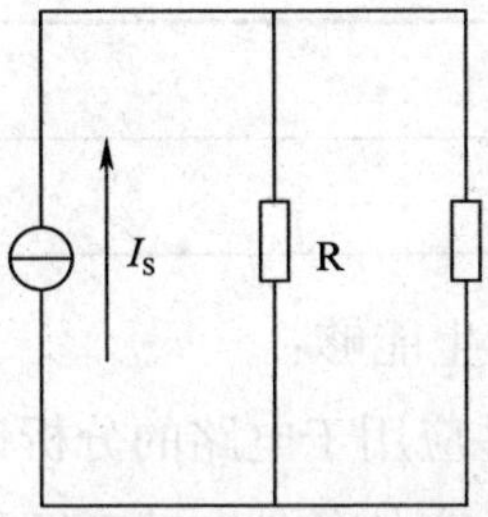 图 3–15　例 3 步骤三 $I_S=I_{S1}+I_{S2}=3\text{ A}+4\text{ A}=7\text{ A}$ $R=R_1//R_2=4\ \Omega//4\ \Omega=2\ \Omega$ 步骤四：将电流源等效变换为电压源，如图 3–16 所示。 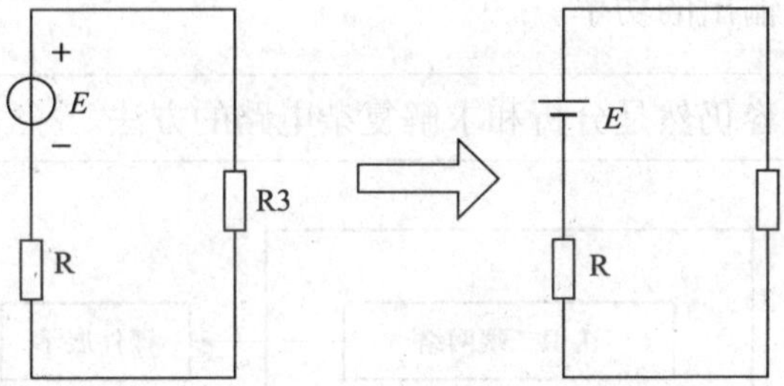 图 3–16　例 3 步骤四 $E=I_SR=7\text{ A}\times 2\ \Omega=14\text{ V}$ $I_3=E/(R+R_3)=14\text{ V}/4\ \Omega=3.5\text{ A}$ 理想电压源与理想电流源不能进行等效变换。	注意 I_{S1} 和 I_{S2} 方向相同，故将它们相加。
课堂总结 10 min	在等效变换的过程中要注意以下几点： 1. 电压源和电流源的参考方向关系。 2. 电压源和电流源之间可以进行等效变换，但恒压源和恒流源之间不可以进行等效变换。	归纳并总结本节课的知识点。
布置作业	习题册相关习题。	
教学反思	本节课以讲解例题为主，对电压源和电流源在生活中的实际应用介绍较少，可在后续巩固复习时适当进行拓展讲解。	

§3-3 戴维南定理 

<table>
<tr><td>授课专业</td><td></td><td>教学课时</td><td>2</td></tr>
<tr><td>授课班级</td><td></td><td>教学日期</td><td></td></tr>
<tr><td>教学目标</td><td colspan="3">通过本节课的教学，学生能够：
1. 理解戴维南定理，并应用于电路的分析计算中。
2. 理解负载获得最大功率的条件和功率匹配的概念。</td></tr>
<tr><td>课前准备</td><td colspan="3">相关教学课件。</td></tr>
<tr><td>教学重点
难点</td><td colspan="3">教学重点：
等效电压源的电动势和内阻的分析求解法。
教学难点：
电源向负载输出的功率。</td></tr>
<tr><td>教学思路</td><td colspan="3">本节课的内容仍然是分析和求解复杂电路的方法。</td></tr>
<tr><td>教学流程</td><td colspan="3">认识二端网络 → 课件展示
↓
戴维南定理 → 讨论归纳
↓
电源向负载输出的功率 → 举例讲解</td></tr>
<tr><td>时间分配</td><td colspan="2">教学内容</td><td>教学方法</td></tr>
<tr><td>导入新课
5 min</td><td colspan="2">在复杂电路中，只需求解某一支路的电流时，可利用戴维南定理，将除该支路之外的部分等效为一个电压源，然后使用全电路欧姆定律即可求解。</td><td></td></tr>
</table>

<table>
<tr><th>时间分配</th><th>教学内容</th><th>教学方法</th></tr>
<tr><td>讲授新课
70 min</td><td>一、认识二端网络
二端网络：具有两个引出端的电路称为二端网络。
有源二端网络：含有电源的二端网络称为有源二端网络。
无源二端网络：不含电源的二端网络称为无源二端网络。
二、戴维南定理
将有源二端网络等效为一个电压源，其电动势为 E_0，内阻为 r_0。
1. 移去待求解支路，形成有源二端网络（两个引出端分别标 A、B）。
2. 求 U_{AB}，令 $E_0=U_{AB}$。
3. 求 R_{AB}，令 $r_0=R_{AB}$。
4. 在等效电压源上接上待求解支路，并用全电路欧姆定律求出待求解支路中的电流。
三、外接负载获得的功率
设图 3-17 中负载电阻上的功率为 P，则 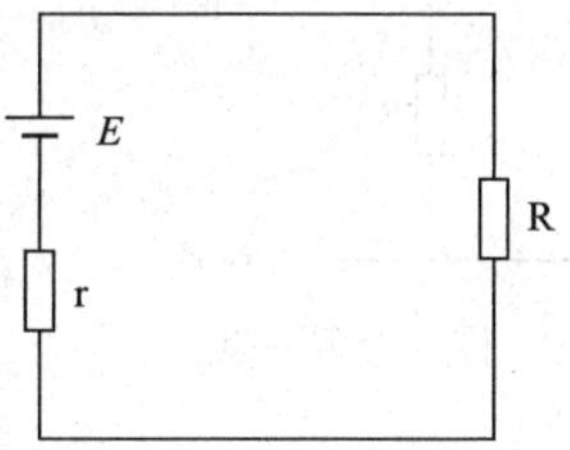
E
R
r
图 3-17　外接负载的电路
$$P=I^2R=\left(\frac{E}{R+r}\right)^2R=\frac{E^2R}{(R+r)^2}$$
改写可得
$$P=\frac{E^2R}{(R-r)^2+4Rr}=\frac{E^2}{\frac{(R-r)^2}{R}+4r}$$</td><td>用课件展示电路图。
详细讲解此部分。
注意要强调电路中的电阻只能是线性的。</td></tr>
</table>

时间分配	教学内容	教学方法
讲授新课 70 min	当 $R=r$ 时，P 的值最大 $$P_{\mathrm{m}}=\frac{E^2}{4r}=\frac{E^2}{4R}$$ **四、例题讲解** 【**例 1**】图 3–18 所示的电路中，电源电动势 E_1=10 V，E_2=5 V，电源内阻不计，电阻 R_1=1 Ω，R_2=2 Ω，R_3=3 Ω，用戴维南定理求解通过 R3 的电流大小。 图 3–18　例 1 电路 步骤一：移去 R3 支路，将左边电路看成有源二端网络，如图 3–19 所示。 图 3–19　例 1 步骤一 步骤二：求有源二端网络中的电压 U_{AB}，即等效电源 E_0，如图 3–20 所示。 图 3–20　例 1 步骤二	

<table>
<tr><th>时间分配</th><th>教学内容</th><th>教学方法</th></tr>
<tr><td>讲授新课
70 min</td><td>因为
$$\sum U=0$$
可得
$$-E_1+E_2+IR_2+IR_1=0$$
$$-10\ \text{V}+5\ \text{V}+I\times 2\ \Omega+I\times 1\ \Omega=0$$
$$I=\frac{5}{3}\ \text{A}$$
$$U_{AB}=E_2+IR_2=5\ \text{V}+\frac{5}{3}\times 2\ \text{V}=\frac{25}{3}\ \text{V}$$
$$E_0=U_{AB}=\frac{25}{3}\ \text{V}$$
步骤三：求有源二端网络的等效电阻 R_{AB}，即内阻 r_0。
将电源视作短路，画出等效电路图，如图 3–21 所示。 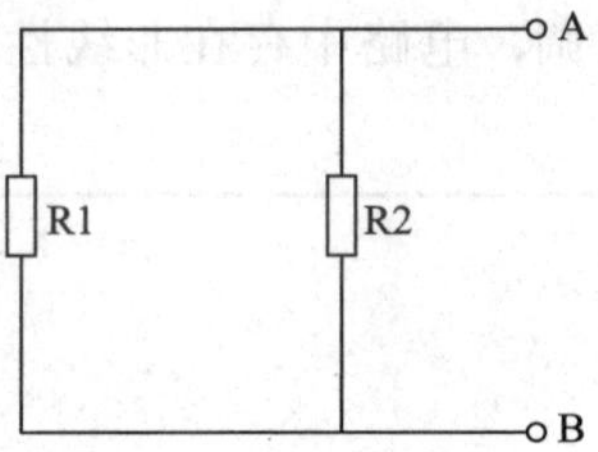
R1 R2 A B
图 3–21　例 1 步骤三
$$R_{AB}=R_1//R_2=\frac{R_1R_2}{R_1+R_2}=\frac{1\times 2}{1+2}\ \Omega=\frac{2}{3}\ \Omega$$
$$r_0=R_{AB}=\frac{2}{3}\ \Omega$$
步骤四：将电路视作电动势为 E_0、内阻为 r_0 的电源与 R3 连接，求得 R3 的电流，如图 3–22 所示。 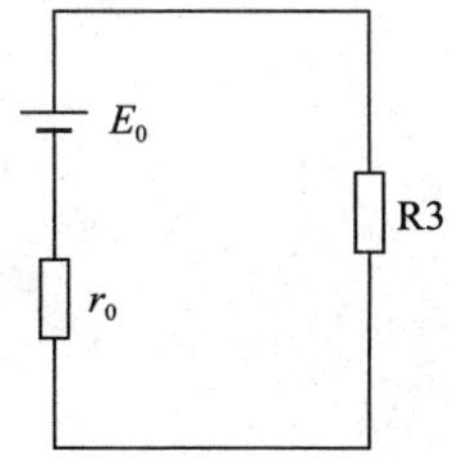
E_0 r_0 R3
图 3–22　例 1 步骤四</td><td></td></tr>
</table>

时间分配	教学内容	教学方法
讲授新课 **70 min**	$I_3=\frac{E_0}{R_3+r_0}=\frac{\frac{25}{3}}{3+\frac{2}{3}}\ \text{A}=\frac{25}{3}\times\frac{3}{11}\ \text{A}=\frac{25}{11}\ \text{A}$	
课堂总结 **10 min**	1. 本节课学习的是求解复杂电路的第三种方法——戴维南定理，其步骤为： （1）__________ （2）__________ （3）__________ （4）__________ 2. 电路中负载获得最大功率的条件是：______。	通过提问的方式归纳并总结本节课的知识点。
布置作业	习题册相关习题。	
教学反思	本节课在讲解用戴维南定理求等效电压源的开路电压时，一定要提醒学生注意电压的参考方向，参考方向不同，电压值的正负也不同。另外，在讲解中需要强调，电路中存在非线性电阻时不能使用戴维南定理。	

§3-4　叠加原理

授课专业		教学课时	2
授课班级		教学日期	
教学目标	通过本节课的教学，学生能够： 1. 了解叠加原理的内容和适用条件。 2. 正确使用叠加原理分析计算电路。		
课前准备	相关教学课件。		
教学重点难点	教学重点： 应用叠加原理求解复杂电路。 教学难点： 判断叠加时各个分量的参考方向。		
教学思路	本节课的内容是分析求解复杂电路的最后一种方法，其中分析计算的部分涉及了并联电阻分流和串联电阻分压，在讲授过程中可适当回顾这部分知识点。		
教学流程	叠加原理的定义 → 课件展示 ↓ 叠加原理的例题 → 举例讲解 ↓ 叠加原理的使用注意事项 → 课件展示		

时间分配	教学内容	教学方法
复习提问 5 min	可进行以下情境导入。 教师：“我们已经学习过的分析复杂电路的方法有哪些？” 学生：“支路电流法、等效变换法和戴维南定理。” 教师：“今天我们将学习第四种方法——叠加原理。”	师生互动，以旧引新。

时间分配	教学内容	教学方法
讲授新课 **70 min**	叠加原理：分析含有几个独立源的复杂电路时，可将其分解为几个独立源单独作用的简单电路来研究，然后将计算结果叠加，求得原电路的实际电流和电压。 【**例 1**】图 3–23 所示的电路中，电源电动势 E_1=10 V，E_2=5 V，电源内阻不计，电阻 R_1=1 Ω，R_2=2 Ω，R_3=3 Ω，用叠加原理求 R1、R2、R3 的电流大小。 图 3–23　例 1 电路 步骤一：E_1 单独作用，将 E_2 视作短路，如图 3–24 所示。 图 3–24　例 1 步骤一 $$I_1'=\frac{E_1}{R_1+R_2//R_3}=\frac{10}{1+2//3}\ \text{A}=\frac{10}{1+\frac{6}{5}}\ \text{A}=\frac{50}{11}\ \text{A}$$ $$I_2'=I_1'\times\frac{R_3}{R_2+R_3}=\frac{50}{11}\times\frac{3}{5}\ \text{A}=\frac{30}{11}\ \text{A}$$ $$I_3'=I_1'-I_2'=\frac{50}{11}\ \text{A}-\frac{30}{11}\ \text{A}=\frac{20}{11}\ \text{A}$$ 步骤二：E_2 单独作用，将 E_1 视作短路，如图 3–25 所示。	功率不满足叠加原理的使用条件，计算时不能直接叠加。 通过课堂练习来讲授叠加原理。 讲解电流方向时，在图中将方向标注出来。

<table>
<tr><th>时间分配</th><th>教学内容</th><th>教学方法</th></tr>
<tr><td rowspan="2">讲授新课
70 min</td><td> 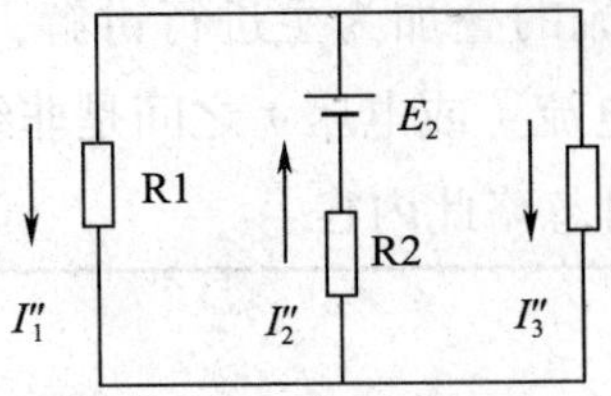图 3–25　例 1 步骤二
$$I_2''=\frac{E_2}{R_2+R_1//R_3}=\frac{5}{2+1//3}\text{ A}=\frac{5}{2+\frac{3}{4}}\text{ A}=\frac{20}{11}\text{ A}$$
$$I_1''=I_2''\times\frac{R_3}{R_1+R_3}=\frac{20}{11}\times\frac{3}{4}\text{ A}=\frac{15}{11}\text{ A}$$
$$I_3''=I_2''-I_1''=\frac{20}{11}\text{ A}-\frac{15}{11}\text{ A}=\frac{5}{11}\text{ A}$$
步骤三：应用叠加原理求各电流，如图 3–26 所示。 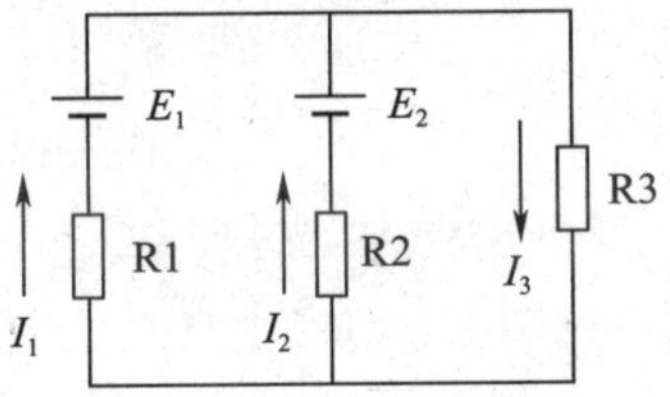</td><td>此处不仅要计算大小，还须标明方向。</td></tr>
<tr><td>图 3–26　例 1 步骤三
$$I_1=I_1'+(-I_1'')=\frac{50}{11}\text{ A}-\frac{15}{11}\text{ A}=\frac{35}{11}\text{ A}$$
$$I_2=(-I_2')+I_2''=-\frac{30}{11}\text{ A}+\frac{20}{11}\text{ A}=-\frac{10}{11}\text{ A}$$
$$I_3=I_3'+I_3''=\frac{20}{11}\text{ A}+\frac{5}{11}\text{ A}=\frac{25}{11}\text{ A}$$</td><td>此处不仅要计算大小，还须标明方向。</td></tr>
<tr><td>课堂总结
10 min</td><td>1. 叠加原理只适用于线性电路。叠加原理可以叠加__________、__________，不可叠加__________。
2. 应用叠加原理分析电路时，其他独立恒压源视为________，其他独立恒流源视为__________。在进行叠加时，与参考方向一致时取________号，与参考方向相反时取________号。</td><td>归纳并总结本节课的知识点。</td></tr>
</table>

布置作业	习题册相关习题。
教学反思	在教学中，应以电流的叠加为主进行讲解，要特别强调参考方向判别的部分。因功率与电流（或电压）之间是非线性关系，故功率不可叠加，在讲授过程中不可忽略此内容。

第四章
磁场与电磁感应

§4-1　磁场

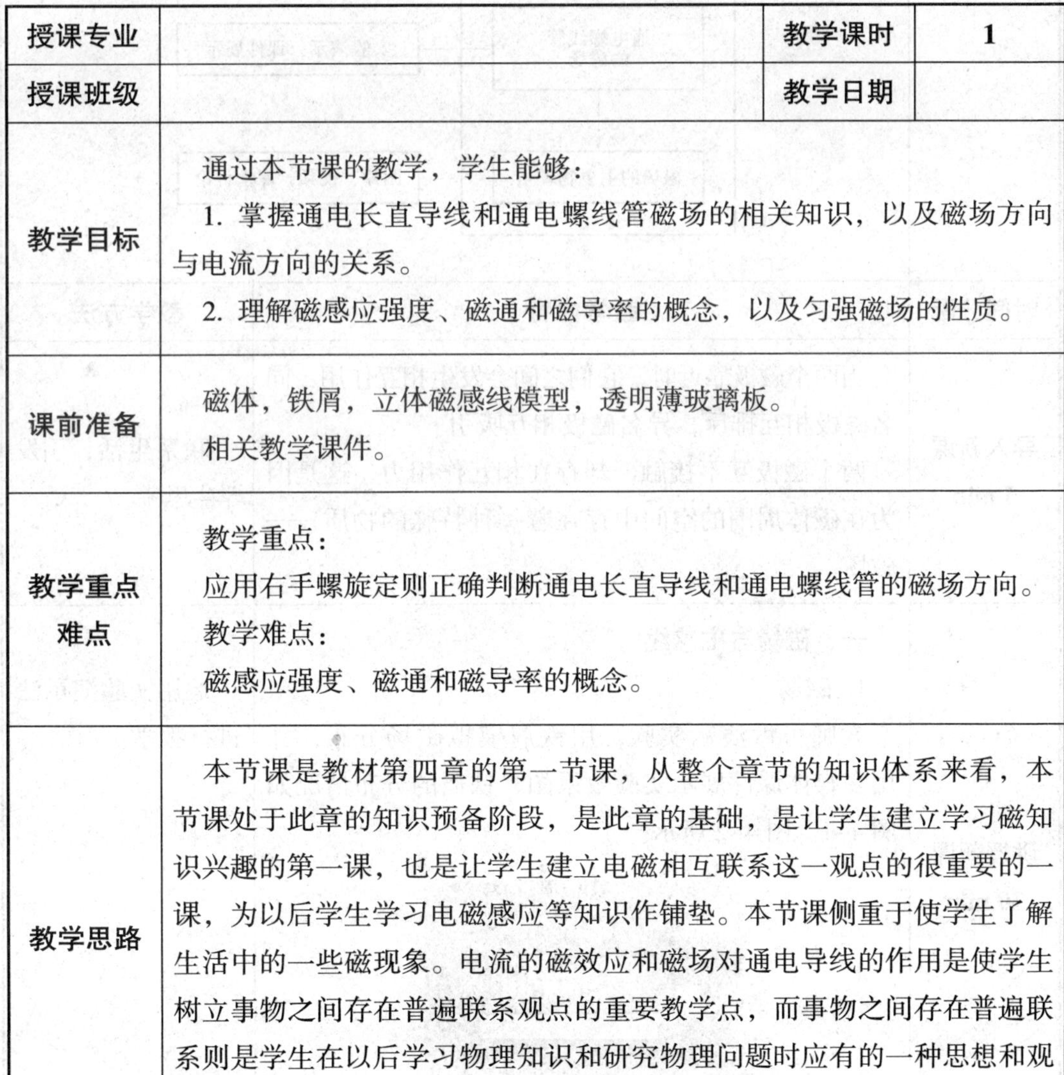

<table>
<tr><td>授课专业</td><td></td><td>教学课时</td><td>1</td></tr>
<tr><td>授课班级</td><td></td><td>教学日期</td><td></td></tr>
<tr><td>教学目标</td><td colspan="3">通过本节课的教学，学生能够：
1. 掌握通电长直导线和通电螺线管磁场的相关知识，以及磁场方向与电流方向的关系。
2. 理解磁感应强度、磁通和磁导率的概念，以及匀强磁场的性质。</td></tr>
<tr><td>课前准备</td><td colspan="3">磁体，铁屑，立体磁感线模型，透明薄玻璃板。
相关教学课件。</td></tr>
<tr><td>教学重点难点</td><td colspan="3">教学重点：
应用右手螺旋定则正确判断通电长直导线和通电螺线管的磁场方向。
教学难点：
磁感应强度、磁通和磁导率的概念。</td></tr>
<tr><td>教学思路</td><td colspan="3">本节课是教材第四章的第一节课，从整个章节的知识体系来看，本节课处于此章的知识预备阶段，是此章的基础，是让学生建立学习磁知识兴趣的第一课，也是让学生建立电磁相互联系这一观点的很重要的一课，为以后学生学习电磁感应等知识作铺垫。本节课侧重于使学生了解生活中的一些磁现象。电流的磁效应和磁场对通电导线的作用是使学生树立事物之间存在普遍联系观点的重要教学点，而事物之间存在普遍联系则是学生在以后学习物理知识和研究物理问题时应有的一种思想和观点。</td></tr>
</table>

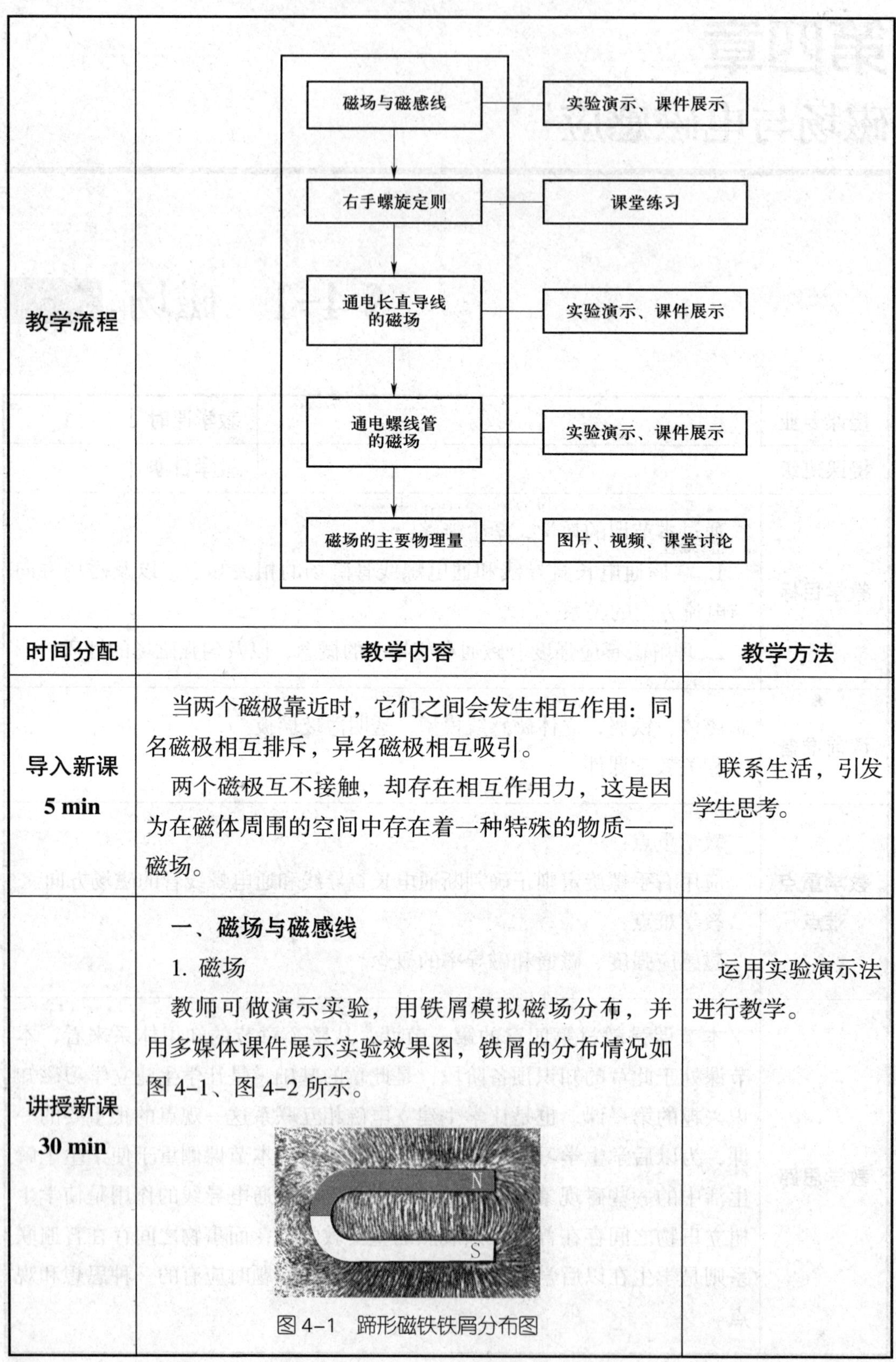

教学流程	磁场与磁感线 — 实验演示、课件展示 ↓ 右手螺旋定则 — 课堂练习 ↓ 通电长直导线的磁场 — 实验演示、课件展示 ↓ 通电螺线管的磁场 — 实验演示、课件展示 ↓ 磁场的主要物理量 — 图片、视频、课堂讨论	
时间分配	**教学内容**	**教学方法**
导入新课 **5 min**	当两个磁极靠近时，它们之间会发生相互作用：同名磁极相互排斥，异名磁极相互吸引。 两个磁极互不接触，却存在相互作用力，这是因为在磁体周围的空间中存在着一种特殊的物质——磁场。	联系生活，引发学生思考。
讲授新课 **30 min**	**一、磁场与磁感线** 1. 磁场 教师可做演示实验，用铁屑模拟磁场分布，并用多媒体课件展示实验效果图，铁屑的分布情况如图 4–1、图 4–2 所示。 N S 图 4–1　蹄形磁铁铁屑分布图	运用实验演示法进行教学。

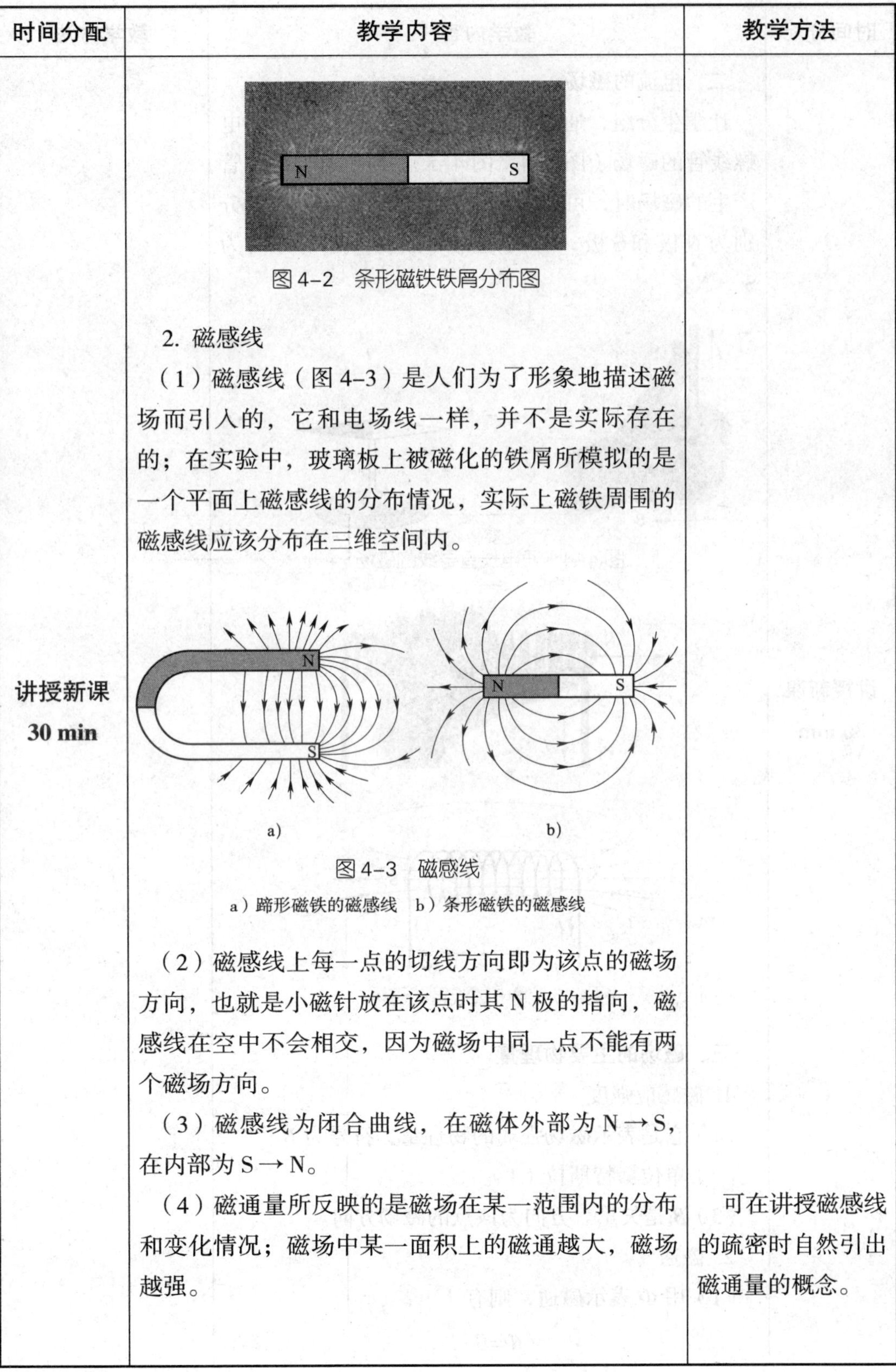

时间分配	教学内容	教学方法
讲授新课 **30 min**	图 4-2　条形磁铁铁屑分布图 2. 磁感线 （1）磁感线（图 4-3）是人们为了形象地描述磁场而引入的，它和电场线一样，并不是实际存在的；在实验中，玻璃板上被磁化的铁屑所模拟的是一个平面上磁感线的分布情况，实际上磁铁周围的磁感线应该分布在三维空间内。 图 4-3　磁感线 a）蹄形磁铁的磁感线　b）条形磁铁的磁感线 （2）磁感线上每一点的切线方向即为该点的磁场方向，也就是小磁针放在该点时其 N 极的指向，磁感线在空中不会相交，因为磁场中同一点不能有两个磁场方向。 （3）磁感线为闭合曲线，在磁体外部为 N → S，在内部为 S → N。 （4）磁通量所反映的是磁场在某一范围内的分布和变化情况；磁场中某一面积上的磁通越大，磁场越强。	可在讲授磁感线的疏密时自然引出磁通量的概念。

<table>
<tr><th>时间分配</th><th>教学内容</th><th>教学方法</th></tr>
<tr><td>讲授新课
30 min</td><td>

二、电流的磁场

让学生分组，通过实验观察通电长直导线和通电螺线管的磁场（图 4–4、图 4–5）。判断通电螺线管产生的磁场时，可将其看做一个条形磁铁，两端分别为 N 极和 S 极，管内是均匀磁场，磁场方向为 S → N。 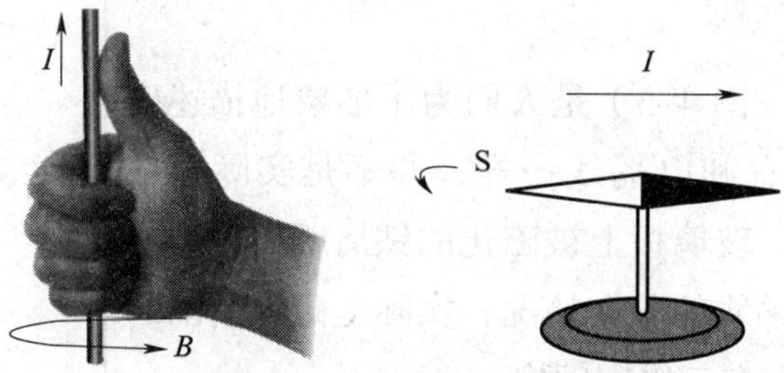

图 4–4　通电长直导线的磁场 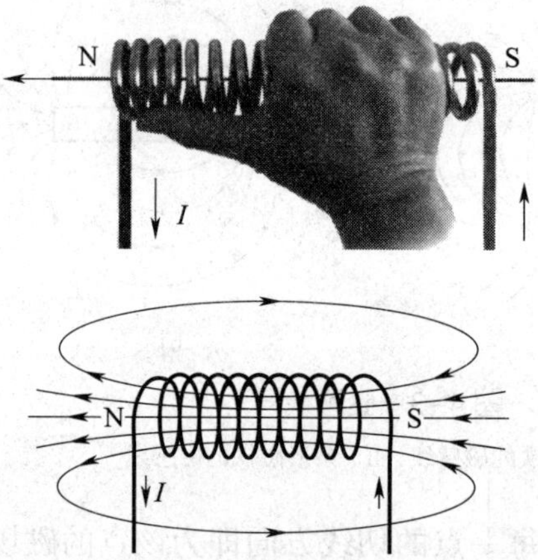

图 4–5　通电螺线管的磁场

三、磁场的主要物理量

1. 磁感应强度

（1）它是表示磁场强弱的物理量，符号为 B。

（2）单位：特斯拉（T）。

（3）B 是矢量。方向为该点的磁场方向。

2. 磁通

（1）用 Φ 表示磁通，则有

$$\Phi=BS$$

</td><td></td></tr>
</table>

时间分配	教学内容	教学方法
讲授新课 30 min	条件： 1）$B \perp S$。 2）磁场为匀强磁场。 （2）单位：韦伯（Wb）。 （3）$B=\dfrac{\Phi}{S}$；B 等于穿过单位面积的磁通，又称磁通密度。 3. 磁导率 磁导率是表示磁介质导磁性能的物理量。真空中的磁导率为 $\mu_0=4\pi\times10^{-7}$ T · m/A。相对磁导率为 $\mu_r=\dfrac{\mu}{\mu_0}$。	运用讲授法进行教学。
课堂总结 10 min	1. 如何判断磁场的方向？ 2. 什么是电流的磁效应和安培定则？ 3. 磁场的主要物理量有哪些？	通过提问的方式归纳并总结本节课的知识点。
布置作业	习题册相关习题。	
教学反思	本节课的教学内容比较抽象，磁场虽然存在，但是我们看不到也摸不着，引导学生展开空间想象就显得很重要，所以必须做好演示实验，同时利用课件，巧设提问。可改变小磁针在磁场中的位置以观察其指向的变化，观察铁屑在磁化后的分布以感受磁场的存在和磁场的分布，以此让学生透过现象去认识磁场，通过演示实验学习探寻科学规律的途径。	

§4-2　磁场对电流的作用

授课专业		教学课时	1
授课班级		教学日期	
教学目标	通过本节课的教学，学生能够： 1. 理解磁场对电流的作用力（电磁力），用左手定则正确判断电磁力的方向。 2. 了解磁场对通电线圈的作用。		
课前准备	蹄形磁铁多个，导线、开关、电源，铁架台，两条平行的通电直导线。 相关教学课件。		
教学重点难点	教学重点： 磁场对通电导体的作用力。 教学难点： 匀强磁场对通电线圈的作用力。		
教学思路	学生在学习本节课之前，已经学习了磁场的相关知识，知道了磁体和电流周围磁场的性质及特点，了解了磁体间的相互作用、电流周围存在着磁场，以及电与磁之间有联系等知识。本节课的内容不仅与上节课的知识相联系，而且是学习电流表工作原理和推导洛伦兹力公式的基础，在教材中起着承上启下的作用，是电磁学的重点部分。		
教学流程	磁场对通电直导体的作用 —— 讲授、演示 ↓ 通电平行直导线间的作用 —— 讲授、演示 ↓ 磁场对通电线圈的作用 —— 讲授、演示		

时间分配	教学内容	教学方法
复习提问 5 min	1. 磁场中某一点的磁场方向是如何确定的？ 2. 右手螺旋定则的内容是什么？ 3. 磁感应强度的方向是如何规定的？ 4. 什么是磁通、磁导率和相对磁导率？	以旧引新。
讲授新课 30 min	**一、磁场对通电直导体的作用** 在上一节课讨论磁感应强度时，学生初步了解了磁场对通电导体的作用力。通常把通电导体在磁场中受到的力称为电磁力，也称安培力。本节进一步讨论电磁力。 如图 4–6 所示，在蹄形磁体两极所形成的匀强磁场中，悬挂一段直导线，让导线方向与磁场方向保持垂直，通电后，可以看到导线因受力而发生运动。 图 4–6　通电直导体在磁场中受到的电磁力 先保持导线通电部分的长度不变，改变电流的大小，然后保持电流不变，改变导线通电部分的长度。比较两次实验结果可以发现，通电导线长度一定时，电流越大，电流所受电磁力越大；电流一定时，通电导线越长，电磁力也越大。当因交换磁极位置改变磁场方向，或因改接电源极性改变导线中的电流方向后，导体的受力方向都随之改变。 通电直导体在磁场内的受力方向可用左手定则来判断。如图 4–7 所示，平伸左手，使拇指与其余四个手指垂直，并且都跟手掌在同一个平面内，让磁感线垂直穿入掌心，并使四指指向电流的方向，则拇指所指的方向就是通电导体所受电磁力的方向。	运用讲授法进行教学。 运用演示法进行教学。

时间分配	教学内容	教学方法
讲授新课 30 min	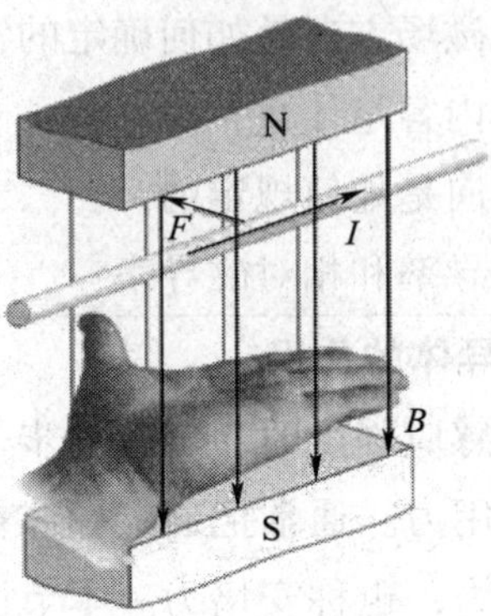 图 4–7　左手定则 把一段通电导线放入磁场中，当电流方向与磁场方向垂直时，电流所受的电磁力最大。此时电磁力的计算式为 $$F=BIl$$ 如果电流方向与磁场方向不垂直，而是有一个夹角 α（图 4–8），这时通电导线的有效长度为 $l\sin\alpha$（即 l 在与磁场方向相垂直方向上的投影）。电磁力的计算式变为 $$F=BIl\sin\alpha$$ 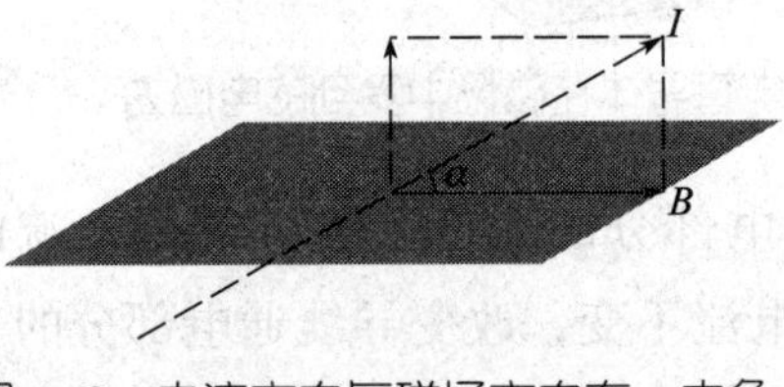 图 4–8　电流方向与磁场方向有一夹角 α 从以上公式可以看出：当 α=90° 时，sin90° =1，电磁力最大；当 α=0° 时，sin0° =0，电磁力最小；当电流方向与磁场方向斜交时，电磁力介于最大值和最小值之间。 **二、通电平行直导线间的作用** 两条相距较近且相互平行的直导线，当通以相同方向的电流时，它们相互吸引，如图 4–9a 所示；当通以相反方向的电流时，它们相互排斥，如图 4–9b 所示。这是由于每条直导线都处在另一条直	

时间分配	教学内容	教学方法
讲授新课 30 min	导线电流的磁场中，因而每条直导线都受到电磁力的作用。图中 ⊗ 表示电流垂直地由纸面外流向纸面内，⊙表示电流垂直地由纸面内流向纸面外。可以先用右手螺旋定则判断一个电流产生的磁场方向，再用左手定则判断另一个电流在这个磁场中所受电磁力的方向。 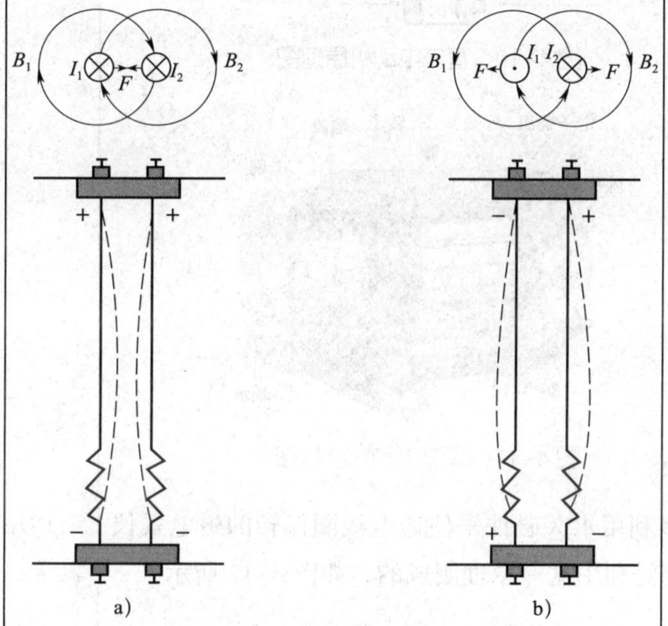 图 4-9　通电平行直导线间的相互作用 a）通入相同方向电流的平行直导线相互吸引 b）通入相反方向电流的平行直导线相互排斥 发电厂或变电所的母线排就是这种互相平行的载流直导体，它们之间存在着这种电磁力的相互作用。在发生短路事故时，通过母线的电流会骤然增大几十倍，这时两排平行母线之间的作用力可以达到几千牛。为了使母线不致因短路时所产生的巨大电磁力作用而受到破坏，在母线排上每间隔一定间距就要安装一个绝缘支柱，以平衡电磁力。 **三、磁场对通电线圈的作用** 磁场对通电矩形线圈的作用是电动机旋转的基本原理，如图 4-10、图 4-11 所示。	运用计算演示法进行教学。 运用视频播放演示法进行教学。

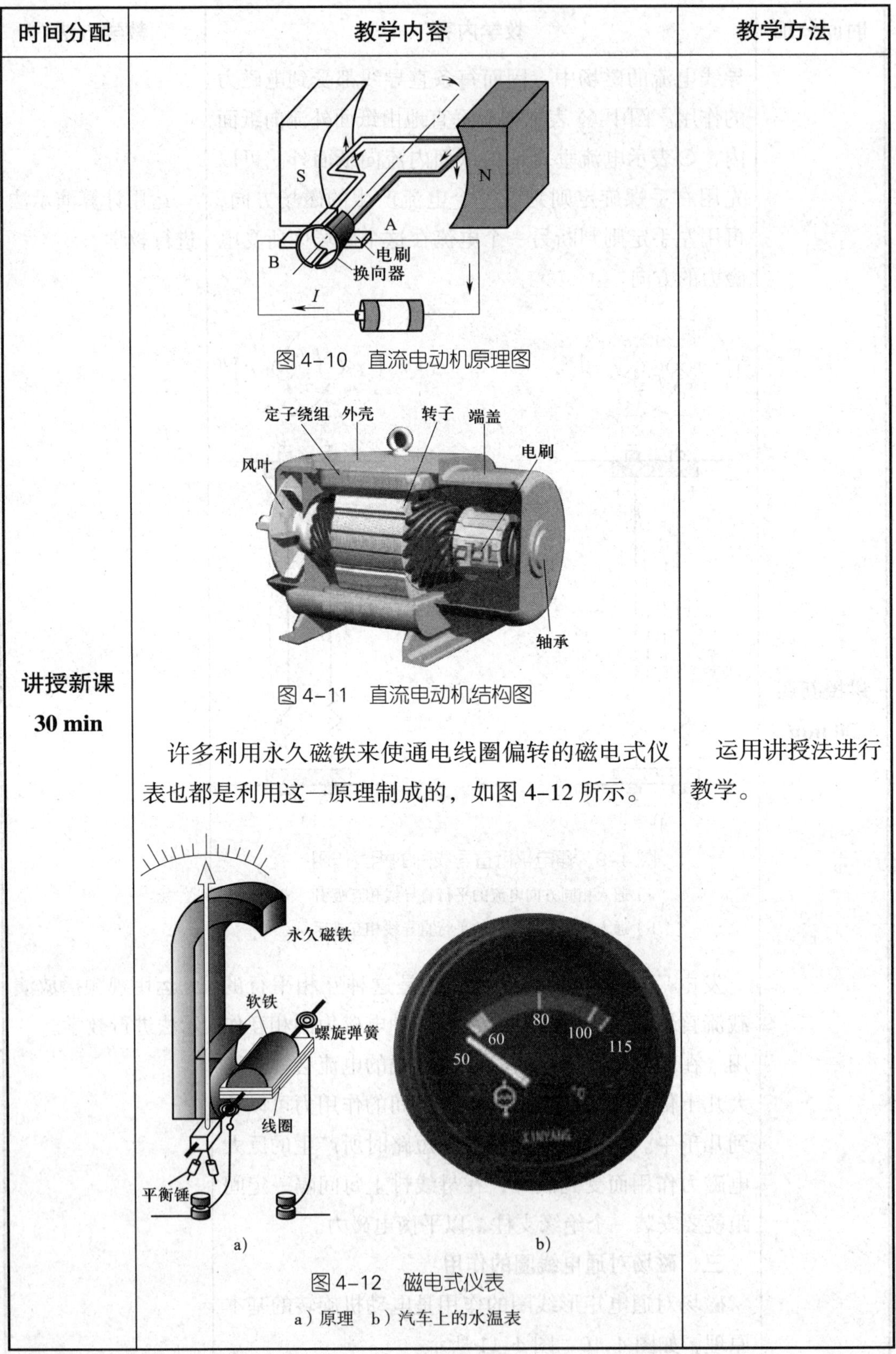

时间分配	教学内容	教学方法
讲授新课 30 min	图 4-10　直流电动机原理图 图 4-11　直流电动机结构图 许多利用永久磁铁来使通电线圈偏转的磁电式仪表也都是利用这一原理制成的，如图 4-12 所示。 a)　b) 图 4-12　磁电式仪表 a）原理　b）汽车上的水温表	运用讲授法进行教学。

时间分配	教学内容	教学方法
课堂总结 5 min	1. 磁场对通电导体的作用力的大小和方向。 2. 左手定则的内容。 3. 磁场对通电线圈作用的应用。	归纳并总结本节课的知识点。
布置作业	习题册相关习题。	
教学反思	本节课的知识比较抽象，如磁场本身是看不见也摸不着的，电流也不能用肉眼观察，这加大了学生的理解难度。在条件允许的情况下应尽量给学生播放相关实验的视频，让学生在观看和分析实验的过程中，理解磁场对电流有力的作用。在教学中，实验有重要的意义，它可以帮助学生理解通电导体在磁场中能受力运动，且受力的方向与其电流的方向有关，也与磁场的方向有关。	

§4-3 电磁感应 

授课专业		教学课时	2
授课班级		教学日期	
教学目标	通过本节课的教学，学生能够： 1. 理解感应电动势的概念，用右手定则正确判断感应电动势的方向。 2. 掌握楞次定律及其分析方法，理解法拉第电磁感应定律。 3. 了解电磁感应现象在生产和生活中的广泛应用。		
课前准备	检流计，条形磁铁，线圈，导线。 相关教学课件。		
教学重点难点	教学重点： 1. 感应电流产生的条件。 2. 楞次定律和右手定则。 教学难点： 1. 判断感应电流的产生。 2. 楞次定律中感应磁场的阻碍作用。 3. 法拉第电磁感应定律中磁通的变化率的概念。		
教学思路	本节课介绍电磁感应的基本概念和法拉第电磁感应定律，为后续对变压器、电机和电磁式仪表等的教学建立必要的基础。应采用启发、引导、提问、互动和练习等多种教学方法，并使用视频、多媒体课件和实验等直观的教学手段，把抽象的概念、定律直观化和形象化。		

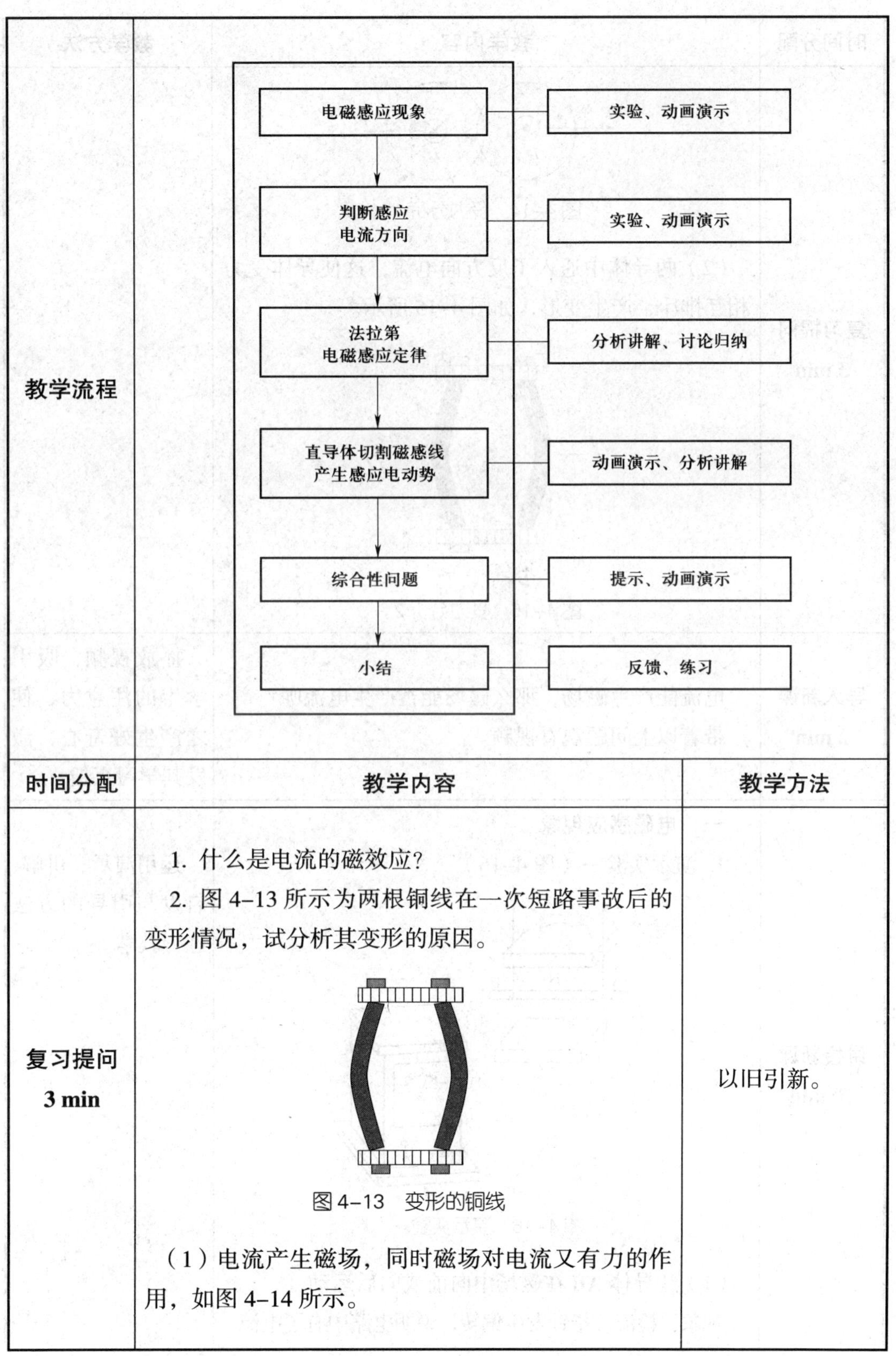

<table>
<tr><td>教学流程</td><td colspan="2">电磁感应现象 —— 实验、动画演示
↓
判断感应电流方向 —— 实验、动画演示
↓
法拉第电磁感应定律 —— 分析讲解、讨论归纳
↓
直导体切割磁感线产生感应电动势 —— 动画演示、分析讲解
↓
综合性问题 —— 提示、动画演示
↓
小结 —— 反馈、练习</td></tr>
<tr><td>时间分配</td><td>教学内容</td><td>教学方法</td></tr>
<tr><td>复习提问
3 min</td><td>1. 什么是电流的磁效应？
2. 图 4–13 所示为两根铜线在一次短路事故后的变形情况，试分析其变形的原因。

图 4–13　变形的铜线

（1）电流产生磁场，同时磁场对电流又有力的作用，如图 4–14 所示。</td><td>以旧引新。</td></tr>
</table>

<table>
<tr><th>时间分配</th><th>教学内容</th><th>教学方法</th></tr>
<tr><td>复习提问
3 min</td><td> 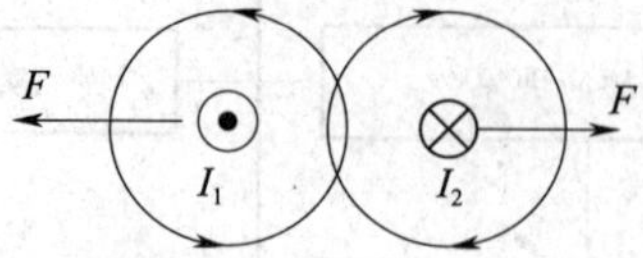
图 4–14　受力分析 1
（2）两导体中通入了反方向电流，这使导体受力相互排斥，产生变形，如图 4–15 所示。 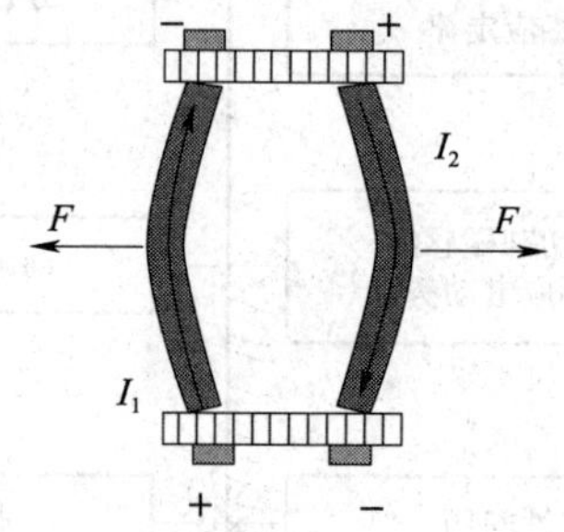

图 4–15　受力分析 2</td><td></td></tr>
<tr><td>导入新课
2 min</td><td>电流能产生磁场，那么磁场能否产生电流呢？
带着以上问题观看视频。</td><td>播放视频，吸引学生的注意力，使之产生好奇心，激发其学习兴趣。</td></tr>
<tr><td>讲授新课
70 min</td><td>一、电磁感应现象
1. 演示实验一（图 4–16） 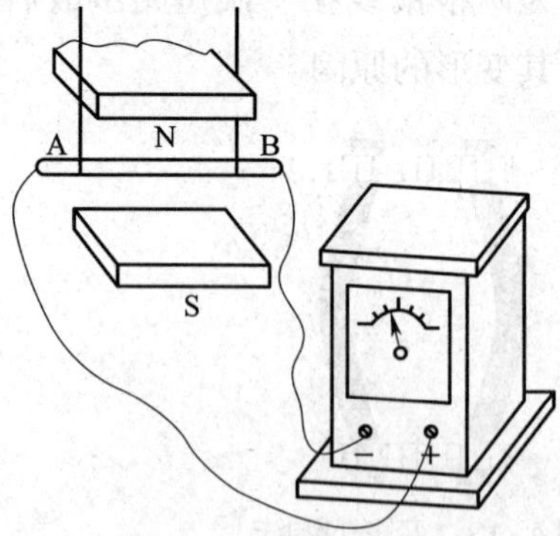

图 4–16　演示实验一
（1）让导体 AB 在磁场中向前或向后运动。
现象：检流计指针发生偏转，说明电路中有了电流。</td><td>运用演示、讲解、启发与引导的方法进行教学。</td></tr>
</table>

<table>
<tr><th>时间分配</th><th>教学内容</th><th>教学方法</th></tr>
<tr><td>讲授新课
70 min</td><td>（2）让导体 AB 静止或在磁场中做上、下运动。
现象：检流计指针不发生偏转，说明电路中无电流。
闭合电路中的一部分导体做切割磁感线运动时，电路中就有电流产生。
2. 演示实验二（图 4–17） 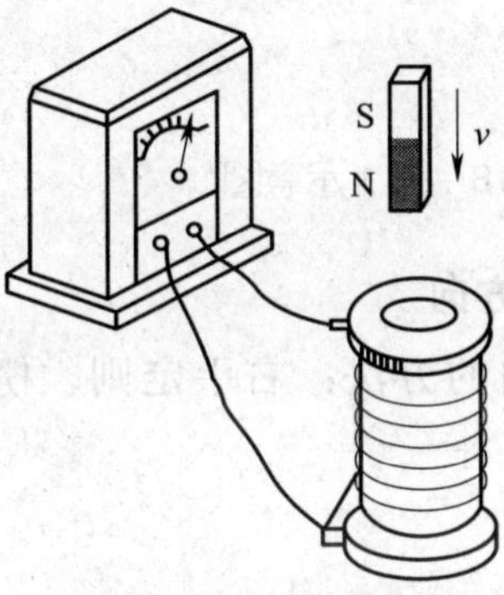
S　N　v
图 4–17　演示实验二
（1）把条形磁铁插入线圈或从线圈中抽出。
现象：检流计指针发生偏转。
（2）把条形磁铁插入线圈后静止不动，或让磁铁和线圈保持相对位置不变运动。
现象：检流计指针不偏转，说明闭合电路中没有电流。
只要闭合电路中的一部分导体做切割磁感线运动，电路中就有电流产生。
3. 结论
产生感应电流的条件：当穿过闭合电路的磁通发生变化时，闭合电路中就有感应电流产生。
电磁感应现象：磁场产生电流的现象称为电磁感应现象，产生的电流称为感应电流。
【例 1】如图 4–18 所示，在通电直导线旁有一矩形线圈，在下述情况下，矩形线圈中有无感应电流？为什么？
（1）矩形线圈以通电直导线为轴旋转。</td><td></td></tr>
</table>

时间分配	教学内容	教学方法
讲授新课 **70 min**	（2）矩形线圈向右移动，逐渐远离通电直导线。 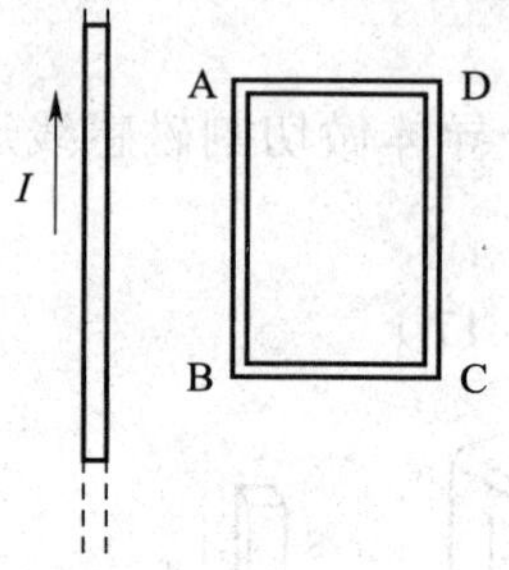 图 4-18　例 1 示意图 **二、判断感应电流方向** 判断感应电流方向的方法：右手定则、楞次定律。 1. 右手定则 平伸右手，使拇指与其余四指垂直，并且都与手掌在同一个平面内，让磁感线垂直进入手心，拇指指向导体运动方向，这时四指所指的方向为感应电流的方向。 2. 楞次定律（图 4-19） 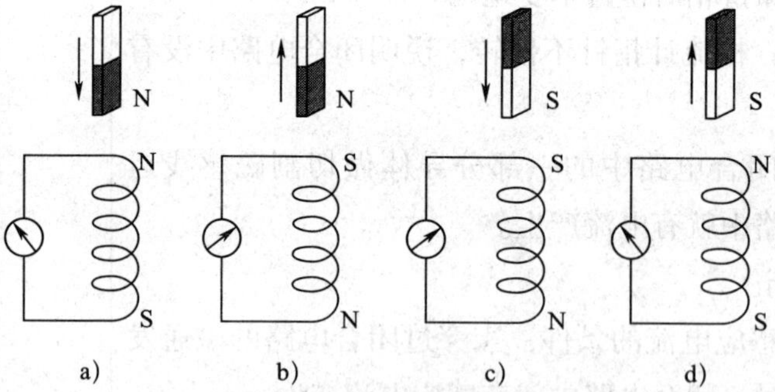 图 4-19　楞次定律 楞次定律：感应电流的磁场总要阻碍引起感应电流的磁通的变化。 判定感应电流方向的步骤： （1）明确原来磁场的方向以及穿过闭合电路的磁通是增加还是减少。	

时间分配	教学内容	教学方法
讲授新课 70 min	（2）根据楞次定律确定感应电流的磁场方向。 （3）利用右手螺旋定则确定感应电流的方向。 **【例 2】**如图 4–20 所示，用右手定则和楞次定律判定 AB 中感应电流的方向。 图 4–20　例 2 示意图 **三、法拉第电磁感应定律** 感应电动势：在电磁感应现象中产生感应电流的电动势称为感应电动势。 方向：和感应电流的方向相同，可用右手定则或楞次定律来判断。 若用 $\Delta \Phi$ 表示一个单匝线圈在 Δt 时间内的磁通变化量，则一个单匝线圈产生的感应电动势的大小为 $$e=\frac{\Delta \Phi}{\Delta t}$$ 所以法拉第电磁感应定律为：线圈中感应电动势的大小与线圈中磁通的变化率成正比。 若线圈有 N 匝，则 $$e=N\frac{\Delta \Phi}{\Delta t}$$ **四、直导体切割磁感线产生感应电动势** 1. 感应电动势的大小 （1）若导体运动方向与导体本身垂直，与磁感线方向也垂直，则 $$e=Blv$$ （2）若导体运动方向与导体本身垂直，与磁感线方向成 α 角，则 $$e=Blv\sin\alpha$$	运用演示、讲解、启发与引导的方法进行教学。 以提问的方式引起学生的注意，促使学生在后面的课程中寻找答案。

<table>
<tr><th>时间分配</th><th>教学内容</th><th>教学方法</th></tr>
<tr><td>讲授新课
70 min</td><td>2. 推导过程（图 4-21）

图 4-21　推导过程示意图

设 ab 长为 l，以速度 v 沿垂直磁感线方向匀速向右运动，时间 t 内移动距离为 aa'，则
$$F=BIl$$
$$F_{out}=F$$
外力克服磁场力做的功为
$$W_1=F_{out}l_{aa'}=Fl_{aa'}=BIlvt$$
感应电流做的功为
$$W_2=eIt$$
因为
$$W_1=W_2$$
$$BIlvt=eIt$$
所以
$$e=Blv$$
若导体运动方向与导体本身垂直，与磁感线方向成 θ 角，v 分解为 v_1 和 v_2，则 v_1 不切割磁感线、不产生感应电动势，只有 v_2 产生感应电动势，如图 4-22 所示，所以
$$e=Blv_2=Blv\sin\theta$$

图 4-22　v 的分解示意图</td><td></td></tr>
</table>

时间分配	教学内容	教学方法
讲授新课 70 min	3. 单位 B——特斯拉（T），e——伏特（V）， l——米（m），v——米 / 秒（m/s）。	
课堂总结 10 min	1. 电磁感应现象的内容。 2. 楞次定律的内容。 3. 法拉第电磁感应定律的内容。 4. 产生感应电动势的条件。	归纳并总结本节课的知识点。
布置作业	习题册相关习题。	
教学反思	学生通过实验能够观察电磁感应的现象和学习产生感应电流的各种方法，此间要引导学生对产生感应电流的方法的本质进行思索。可将能产生感应电流的实验情况通过动画模拟来展示，并指导学生将实验中观察到的现象列在表格中，让学生通过分析表格内容提炼共性、总结规律。	

§4-4 自感和互感

<table>
<tr><td>授课专业</td><td></td><td>教学课时</td><td>1</td></tr>
<tr><td>授课班级</td><td></td><td>教学日期</td><td></td></tr>
<tr><td>教学目标</td><td colspan="3">通过本节课的教学，学生能够：
1. 理解自感系数和互感系数的概念，并了解自感现象和互感现象的异同点。
2. 理解同名端的概念，判断和测定互感线圈的同名端，知道互感线圈的连接方法。
3. 从工程应用的角度，了解自感和互感的利与弊。</td></tr>
<tr><td>课前准备</td><td colspan="3">白炽灯，电阻、开关、电源，线圈，磁条，万用表。
相关教学课件。</td></tr>
<tr><td>教学重点难点</td><td colspan="3">教学重点：
1. 同名端的概念及其测定方法。
2. 自感和互感的利与弊。
教学难点：
自感系数和互感系数的概念。</td></tr>
<tr><td>教学思路</td><td colspan="3">自感和互感都是电磁感应的特殊形式，如何利用已经学过的电磁感应的普遍规律来分析特定条件下的自感现象和互感现象，是本节课教学的关键。自感和互感在生产和生活中的应用极为广泛，与此相关的科技成果也有很多，在课堂上可以结合教材内容多举实例，分析、讨论。</td></tr>
</table>

教学流程

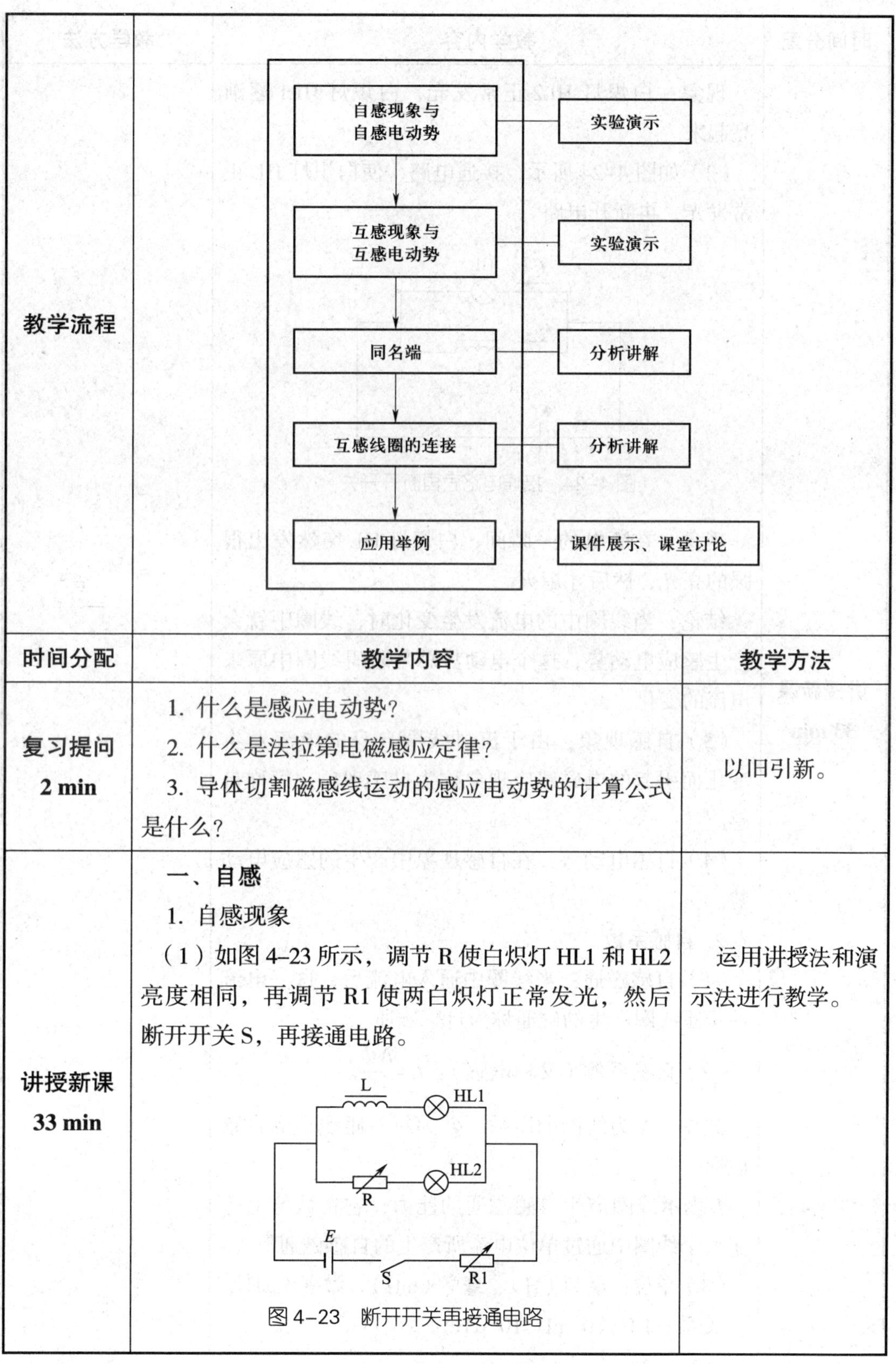

时间分配	教学内容	教学方法
复习提问 **2 min**	1. 什么是感应电动势？ 2. 什么是法拉第电磁感应定律？ 3. 导体切割磁感线运动的感应电动势的计算公式是什么？	以旧引新。
讲授新课 **33 min**	**一、自感** 1. 自感现象 （1）如图 4–23 所示，调节 R 使白炽灯 HL1 和 HL2 亮度相同，再调节 R1 使两白炽灯正常发光，然后断开开关 S，再接通电路。 图 4–23　断开开关再接通电路	运用讲授法和演示法进行教学。

时间分配	教学内容	教学方法
讲授新课 33 min	现象：白炽灯 HL2 正常发光，白炽灯 HL1 逐渐亮起来。 （2）如图 4-24 所示，接通电路，使白炽灯 HL 正常发光，再断开电路。 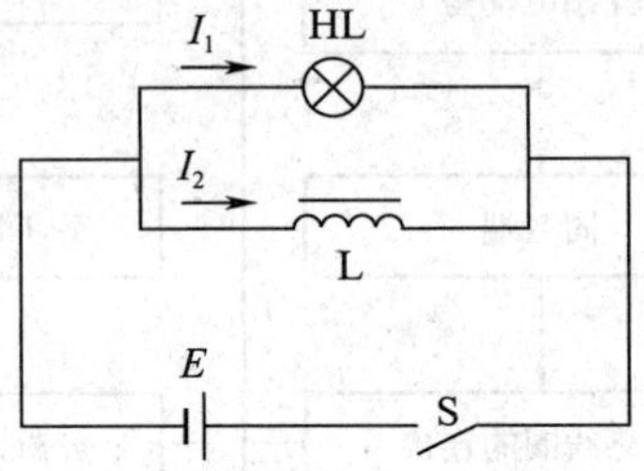 图 4-24　接通电路后再断开开关 现象：在断电的一瞬间，白炽灯 HL 突然发出很强的亮光，然后才熄灭。 结论：当线圈中的电流发生变化时，线圈中就会产生感应电动势，这个电动势总是阻碍线圈中原来电流的变化。 （3）自感现象：由于流过线圈自身的电流发生变化而引起的电磁感应现象称为自感现象，简称自感。 （4）自感电动势：在自感现象中产生的感应电动势。 2. 自感系数 （1）自感磁通：当线圈中通入电流后，这一电流使每匝线圈产生的磁通称为自感磁通。 （2）自感系数（又称电感）：$L=\frac{N\Phi}{I}$。 式中，N 为线圈的匝数，Φ 为每一匝线圈的自感磁通。 L 表示线圈产生自感磁通的能力，它在数值上等于一个线圈中通过单位电流所产生的自感磁通。 （3）单位：亨利（H）、毫亨（mH）、微亨（μH）。 关系：$1\ \text{H}=10^3\ \text{mH}=10^6\ \mu\text{H}$。	

<table>
<tr><th>时间分配</th><th>教学内容</th><th>教学方法</th></tr>
<tr><td>讲授新课
33 min</td><td>3. 自感电动势的大小和方向
因为
$$N\Delta\Phi = L\Delta I$$
$$e = N\frac{\Delta\Phi}{\Delta t}$$
所以
$$e_L = L\frac{\Delta I}{\Delta t}$$
上式表明，自感系数不变时，自感电动势的大小与电流的变化率成正比。
e_L 方向可用楞次定律判定。
二、互感
1. 互感现象和互感系数
互感现象：一个线圈中的电流发生变化而在另一个线圈中产生电磁感应的现象称为互感现象。由互感产生的感应电动势称为互感电动势。
互感系数：与自感类似，是为描述一个线圈电流的变化在另一个线圈中产生互感电动势的能力而引入的物理量。互感系数用 M 表示，单位为亨利（H）。
2. 互感电动势的大小和方向
互感现象也是一种特殊的电磁感应现象，它必然也遵从法拉第电磁感应定律。互感电动势大小的计算式为
$$e_{2M} = N_2\frac{\Delta\Phi_{12}}{\Delta t} = M\frac{\Delta I_1}{\Delta t}$$
式中 N_2 为发生互感现象的线圈匝数；$\Delta\Phi_{12}$ 为在 Δt 时间里产生磁通的电流在发生互感现象的线圈中磁通量的变化量；M 为互感系数，ΔI_1 为产生磁通的电流的变化量。
3. 同名端
（1）同名端的定义
由于线圈绕向一致而产生感应电动势的极性始终保持一致的端子称为线圈的同名端，如图 4–25 所示。同名端用符号“·”或“*”表示。</td><td>运用讲授法和数据分析法进行教学。</td></tr>
</table>

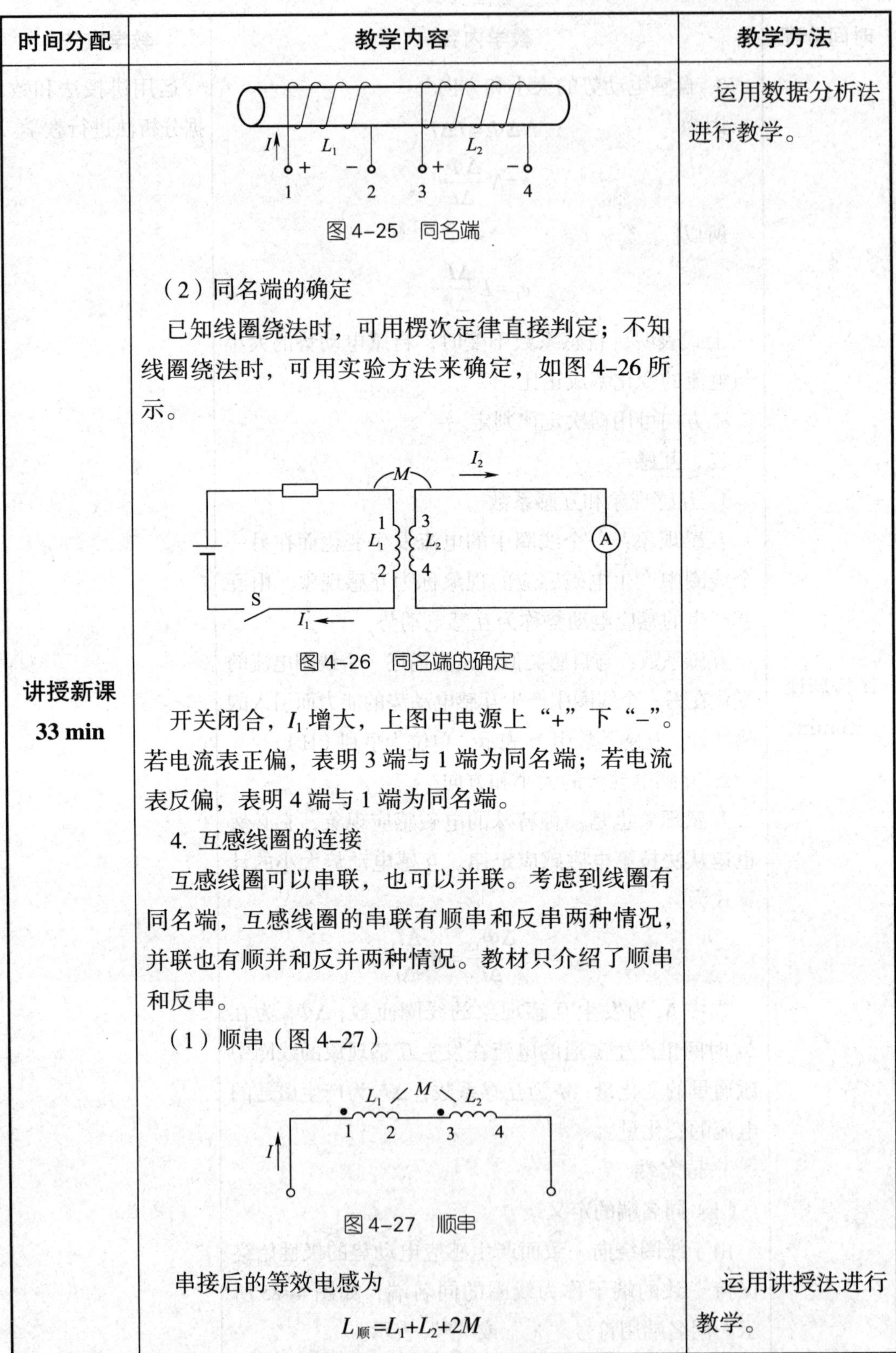

时间分配	教学内容	教学方法
讲授新课 33 min	图 4–25 同名端 （2）同名端的确定 已知线圈绕法时，可用楞次定律直接判定；不知线圈绕法时，可用实验方法来确定，如图 4–26 所示。 图 4–26 同名端的确定 开关闭合，I_1 增大，上图中电源上“+”下“–”。若电流表正偏，表明 3 端与 1 端为同名端；若电流表反偏，表明 4 端与 1 端为同名端。 4. 互感线圈的连接 互感线圈可以串联，也可以并联。考虑到线圈有同名端，互感线圈的串联有顺串和反串两种情况，并联也有顺并和反并两种情况。教材只介绍了顺串和反串。 （1）顺串（图 4–27） 图 4–27 顺串 串接后的等效电感为 $L_{顺}=L_1+L_2+2M$	运用数据分析法进行教学。 运用讲授法进行教学。

<table>
<tr><th>时间分配</th><th>教学内容</th><th>教学方法</th></tr>
<tr><td>讲授新课
33 min</td><td>（2）反串（图 4–28）

图 4–28　反串

串接后的等效电感为
$$L_{反}=L_1+L_2-2M$$</td><td></td></tr>
<tr><td>课堂总结
5 min</td><td>1. 自感现象、自感系数的概念。
2. 自感系数、自感电动势的计算式。
3. 自感与互感的比较（表 4–1）。

表 4–1
<table>
<tr><th>自感</th><th>互感</th></tr>
<tr><td>由于流过线圈自身的电流发生变化而引起的电磁感应现象</td><td>由一个线圈中的电流发生变化而在另一个线圈中产生电磁感应的现象</td></tr>
<tr><td>自感系数：$L=\frac{N\Phi}{I}$</td><td>互感系数：M</td></tr>
<tr><td>自感电动势：$e_L=L\frac{\Delta I}{\Delta t}$</td><td>互感电动势：$e_{2M}=M\frac{\Delta I_1}{\Delta t}$</td></tr>
<tr><td colspan="2">相同点：（1）都是电磁感应的特殊形式
（2）都服从楞次定律和法拉第电磁感应定律</td></tr>
</table>
</td><td>归纳并总结本节课的知识点。</td></tr>
<tr><td>布置作业</td><td colspan="2">习题册相关习题。</td></tr>
<tr><td>教学反思</td><td colspan="2">在本节课教学的过程中，要引导学生从事物的共性中发掘新的个性，从发生电磁感应现象的条件和有关电磁感应的规律出发，提出自感现象，并推出自感的规律。让学生会用自感的相关知识分析和解决一些简单的问题，并了解自感现象的利与弊，以及如何防止或利用它。</td></tr>
</table>

§4-5 铁磁材料与磁路

授课专业		教学课时	1
授课班级		教学日期	
教学目标	通过本节课的教学，学生能够： 1. 了解铁磁材料的磁化，以及磁化曲线、磁滞回线与铁磁材料性能的关系。 2. 了解铁磁材料的分类及应用。 3. 理解磁动势和磁阻的概念及磁路欧姆定律。 4. 了解电磁铁的组成及应用。		
课前准备	铁磁材料。 相关教学课件。		
教学重点难点	教学重点： 铁磁材料的分类及应用。 教学难点： 磁滞回线的概念。		
教学思路	本节课介绍了铁磁材料的磁化，内容涉及磁畴、磁化曲线、磁饱和、磁滞回线和磁滞损耗等众多概念，理论性较强，教学难度较大。将实验和磁滞回线图对照讲解，使学生对其了解即可，不必讲解过细。磁滞回线的形状形象地反映了不同铁磁材料的特点，在讲解磁滞回线时要结合铁磁材料的用途和其应用实例，引导学生展开讨论，使学生进一步巩固知识。磁路、磁路欧姆定律与电磁设备的实际应用关系密切，所有电磁设备都涉及磁路问题，可通过磁路与电路的对比，讲清磁通、磁阻的概念及磁路欧姆定律。		

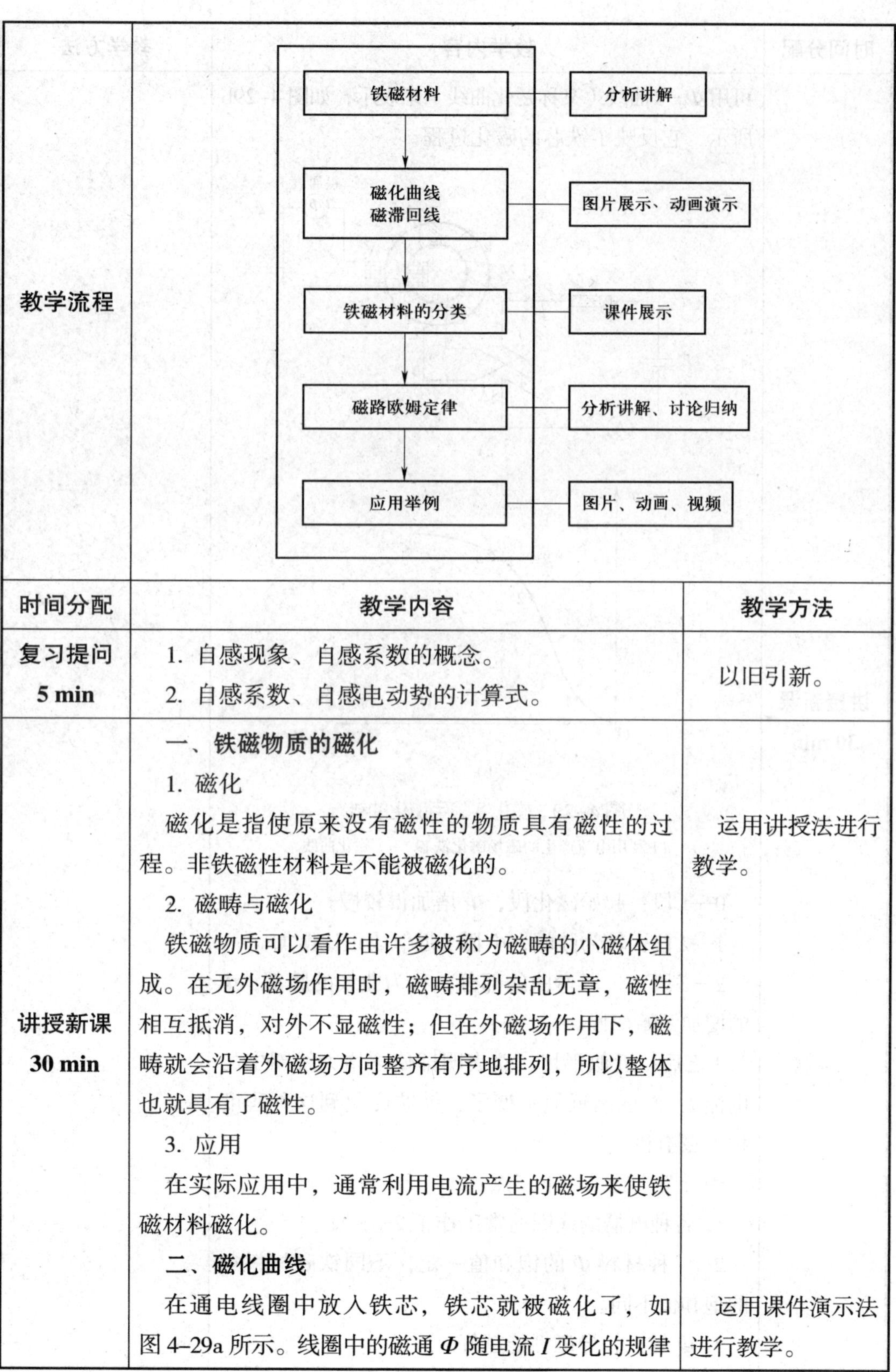

教学流程	铁磁材料 → 磁化曲线 磁滞回线 → 铁磁材料的分类 → 磁路欧姆定律 → 应用举例 铁磁材料——分析讲解 磁化曲线 磁滞回线——图片展示、动画演示 铁磁材料的分类——课件展示 磁路欧姆定律——分析讲解、讨论归纳 应用举例——图片、动画、视频	
时间分配	**教学内容**	**教学方法**
复习提问 **5 min**	1. 自感现象、自感系数的概念。 2. 自感系数、自感电动势的计算式。	以旧引新。
讲授新课 **30 min**	**一、铁磁物质的磁化** 1. 磁化 磁化是指使原来没有磁性的物质具有磁性的过程。非铁磁性材料是不能被磁化的。 2. 磁畴与磁化 铁磁物质可以看作由许多被称为磁畴的小磁体组成。在无外磁场作用时，磁畴排列杂乱无章，磁性相互抵消，对外不显磁性；但在外磁场作用下，磁畴就会沿着外磁场方向整齐有序地排列，所以整体也就具有了磁性。 3. 应用 在实际应用中，通常利用电流产生的磁场来使铁磁材料磁化。 **二、磁化曲线** 在通电线圈中放入铁芯，铁芯就被磁化了，如图 4–29a 所示。线圈中的磁通 Φ 随电流 I 变化的规律	运用讲授法进行教学。 运用课件演示法进行教学。

时间分配	教学内容	教学方法
讲授新课 30 min	可用 Φ—I 曲线（又称磁化曲线）来表示，如图 4–29b 所示，它反映了铁芯的磁化过程。 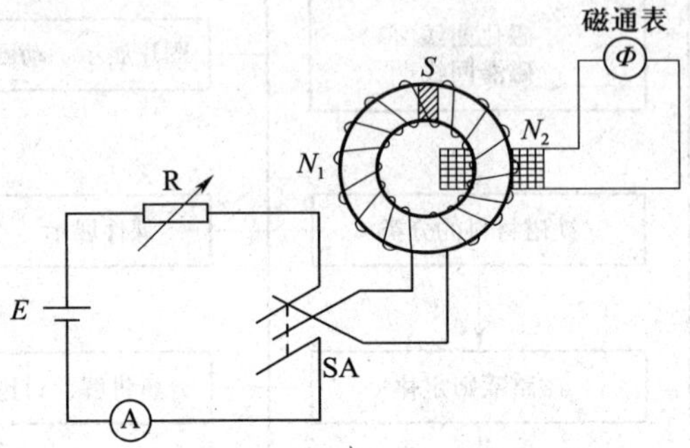 a) 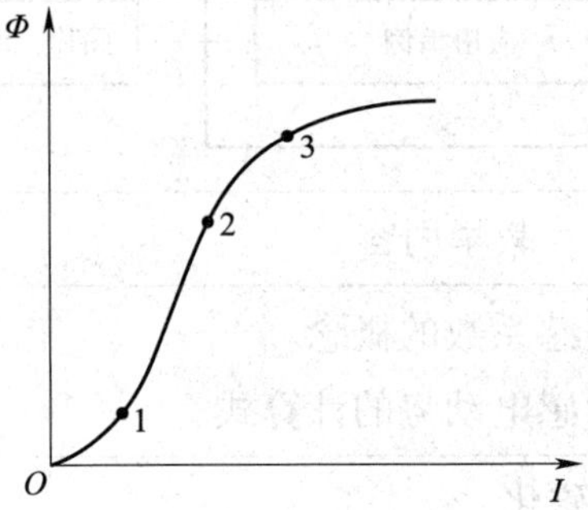 b) 图 4–29　磁化实验与磁化曲线 a）利用电流产生的磁场磁化铁芯　b）磁化曲线 0—1 段：起始磁化段，Φ 增加得较慢。 1—2 段：较为陡峭，Φ 随 I 近似成正比增加。 2—3 段：一段弯曲的部分，称为曲线的膝部，Φ 的增加开始变慢。 3 之后：近似平坦，这表明即使再增大线圈中的电流 I，Φ 也已近似不变了，铁芯磁化到这种程度称为磁饱和。 引导学生总结以下三点： 1. 各种电器的线圈通常工作于 2—3 段。 2. 一种材料 Φ 的饱和值一定，不同铁磁材料 Φ 的饱和值不同。 3. Φ 越大，导磁性能越好。	

<table>
<tr><th>时间分配</th><th>教学内容</th><th>教学方法</th></tr>
<tr>
<td>讲授新课
30 min</td>
<td>

三、磁滞回线（图 4–30）

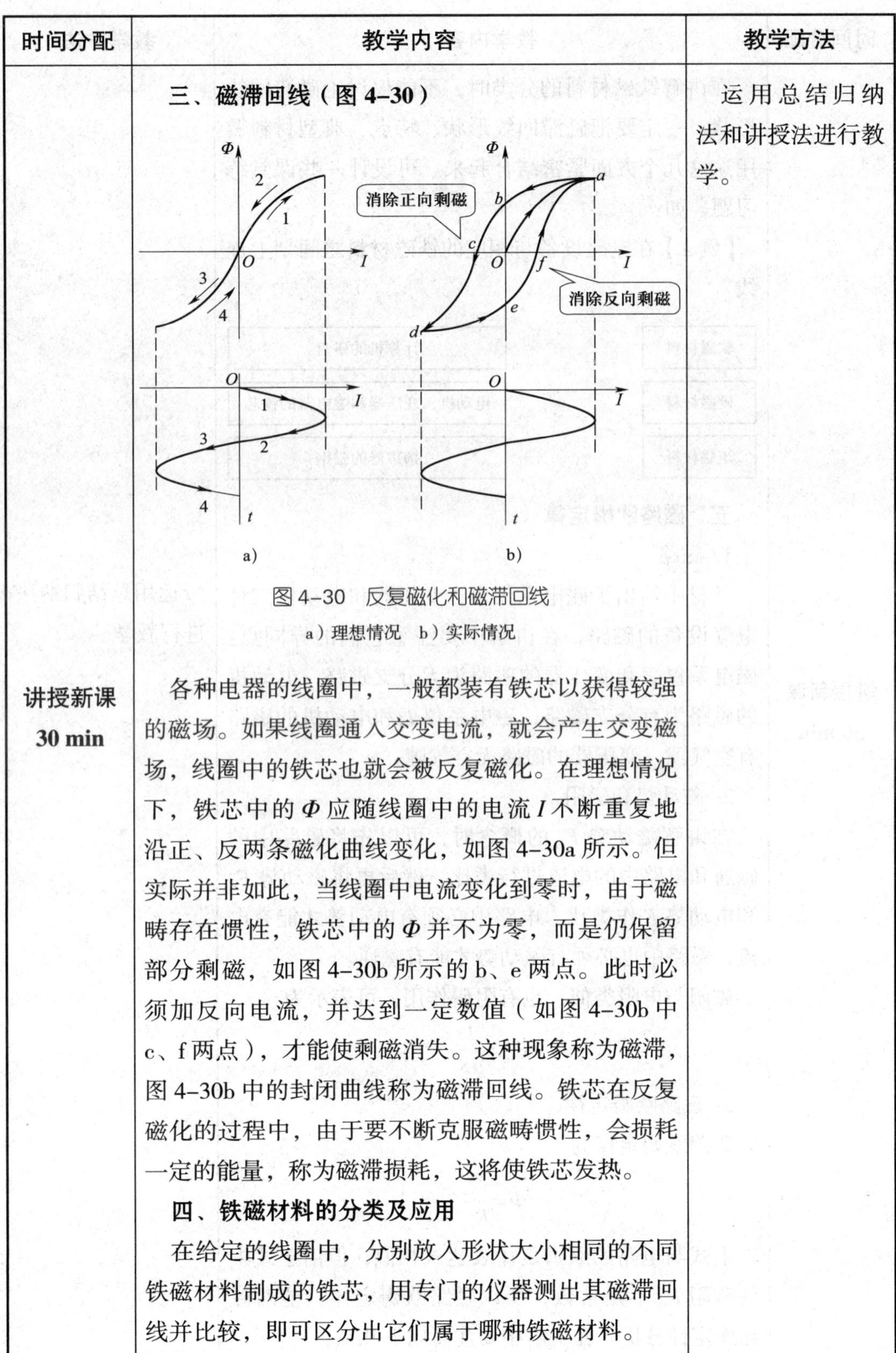

图 4–30　反复磁化和磁滞回线

a）理想情况　b）实际情况

各种电器的线圈中，一般都装有铁芯以获得较强的磁场。如果线圈通入交变电流，就会产生交变磁场，线圈中的铁芯也就会被反复磁化。在理想情况下，铁芯中的 Φ 应随线圈中的电流 I 不断重复地沿正、反两条磁化曲线变化，如图 4–30a 所示。但实际并非如此，当线圈中电流变化到零时，由于磁畴存在惯性，铁芯中的 Φ 并不为零，而是仍保留部分剩磁，如图 4–30b 所示的 b、e 两点。此时必须加反向电流，并达到一定数值（如图 4–30b 中 c、f 两点），才能使剩磁消失。这种现象称为磁滞，图 4–30b 中的封闭曲线称为磁滞回线。铁芯在反复磁化的过程中，由于要不断克服磁畴惯性，会损耗一定的能量，称为磁滞损耗，这将使铁芯发热。

四、铁磁材料的分类及应用

在给定的线圈中，分别放入形状大小相同的不同铁磁材料制成的铁芯，用专门的仪器测出其磁滞回线并比较，即可区分出它们属于哪种铁磁材料。

</td>
<td>运用总结归纳法和讲授法进行教学。</td>
</tr>
</table>

<table>
<tr><th>时间分配</th><th>教学内容</th><th>教学方法</th></tr>
<tr>
<td>讲授新课
30 min</td>
<td>
在讲解铁磁材料的分类时，不能仅讨论磁滞回线形状，一定要把磁滞回线形状、特点、典型材料及用途这几个方面紧密结合起来。可设计一些课堂练习题，如：

【例 1】在电磁设备与相应的铁磁材料之间划上连线。

软磁材料　　　　计算机的磁盘
硬磁材料　　　　电动机、变压器和继电器的铁芯
矩磁材料　　　　扬声器的磁钢

五、磁路欧姆定律
1. 磁路
教材中给出了磁电系仪表、变压器和电动机三种电气设备的磁路，在讲解中要注意它们的异同点：磁电系仪表和变压器的磁路为无分支磁路，电动机的磁路为有分支磁路；磁电系仪表和电动机的磁路有空气隙，变压器的磁路无空气隙。
2. 磁动势和磁阻
在讲解磁动势 F_m 的概念时，可以先将磁路中的磁通和电路中的电流进行类比，然后再将磁动势 F_m 和电动势 E 作类比。电路中必须有电动势才能有电流，磁路中也必须有磁动势才能有磁通。
磁阻与电阻类似，也有阻碍作用，可表示为
$$R_m=\frac{l}{\mu S}$$
3. 磁路欧姆定律
磁路欧姆定律为
$$\Phi=\frac{F_m}{R_m}$$
上式与电路的欧姆定律表达式相似，但由于式中的磁阻 R_m 不是常数，所以磁路欧姆定律只能对磁路作定性分析。在讲解中要注意以下几点：
</td>
<td>运用总结归纳法进行教学。</td>
</tr>
</table>

时间分配	教学内容	教学方法
讲授新课 30 min	（1）磁路欧姆定律和电路的欧姆定律在形式上相似，但有本质的不同。电路断开时，电流为零，电动势依然存在，可是磁路没有开路状态，因为磁感线是不可断开的闭合曲线。 （2）在得到相等的磁通的情况下，应采用磁导率高的铁芯材料，因为其磁阻较小，可以减少线圈的用铜量。 （3）当线圈匝数一定时，若磁路中含有空气隙，则其磁阻较大，这时要得到相等的磁通，就必须增大励磁电流。 **六、应用举例** 讨论磁路欧姆定律时，可讨论以下思考题： 【**例 2**】标出图 4–31 中铁芯和衔铁的磁极，并画出铁芯和衔铁中磁感线的方向。若图中衔铁尚未被吸合，这时能形成闭合磁路吗？为什么？ 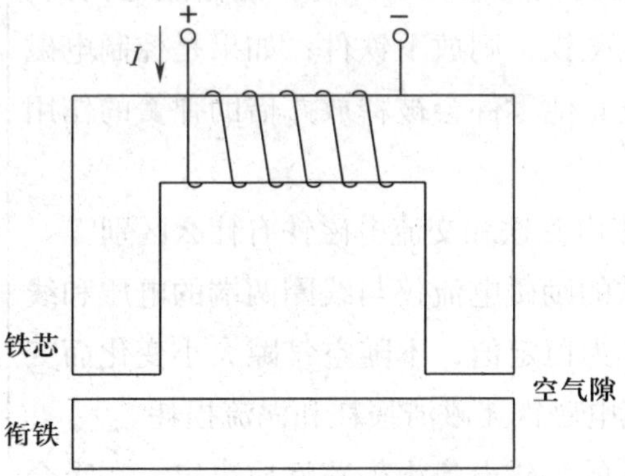 图 4–31　例 2 示意图 能形成闭合磁路。因为磁感线是不可断开的闭合曲线，空气隙是磁路的一部分。 【**例 3**】如果一个交流电磁铁的衔铁在吸合过程中被长时间卡住，会出现什么现象？ 由于衔铁长时间不能吸合，磁路中存在一个很大的空气隙（图 4–32），磁阻增大。这时线圈上所加电压未变，磁通 Φ_m 与 U 必须严格对应，在磁阻增大的	

时间分配	教学内容	教学方法
讲授新课 30 min	情况下，就必须增大励磁电流，才能得到相等的磁通，因此电流要超出正常值，线圈会因过热而被烧坏。 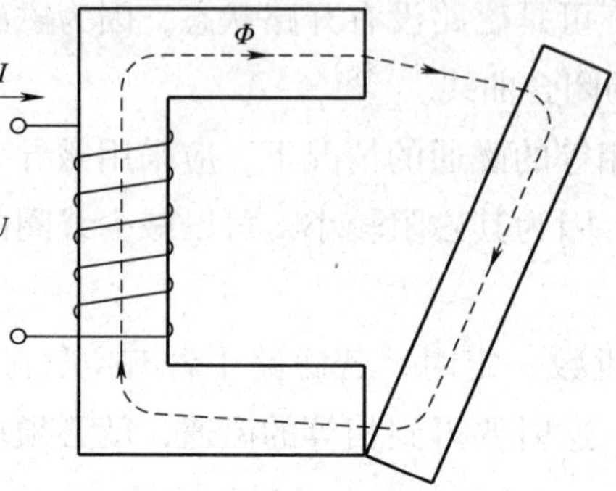 图 4–32　例 3 示意图 介绍电磁铁时，可结合以下问题讨论： 【例 4】为什么电磁铁的铁芯要用软磁材料？ 因为软磁材料容易磁化，也容易退磁，这正符合电磁铁的工作要求，即当电源接通时，电磁铁被迅速磁化产生磁性；当电源断开时，磁性随之消失。如果是起重电磁铁，则放下铁件；如果是控制电磁铁，则衔铁或其他零件会被释放并借助弹簧的作用力返回原位。 【例 5】直流电磁铁和交流电磁铁有什么区别？ 直流电磁铁的励磁电流仅与线圈两端的电压和线圈电阻有关，为恒定值，不随空气隙大小变化而变化，所以直流电磁铁无磁滞损耗和涡流损耗。 交流电磁铁的励磁电流由磁路性质决定，在吸合过程中，随着空气隙的减小，磁阻减小，线圈的电流逐渐减小。由于电流交变，磁通也交变，所以交流电磁铁有磁滞损耗和涡流损耗。	引导学生分小组讨论例题。
课堂总结 5 min	1. 铁磁物质的磁化和磁化的原因。 2. 铁磁物质的磁化曲线和磁滞回线。 3. 铁磁材料的概念及分类。 4. 磁动势和磁阻的概念。 5. 磁路欧姆定律的表达式。	归纳并总结本节课的知识点。

布置作业	习题册相关习题。
教学反思	学生在日常生活中已接触和了解简单的磁现象，具备一定的知识基础，为充分体现“注重科学探究，提倡教学方式多样化”的教学理念，应结合实际，在教学过程中采用实验探究与教师讲解、多媒体展示相结合的方法，这有利于学生多角度、多方面地学习。

第五章
单相交流电路

§5-1　交流电的基本概念

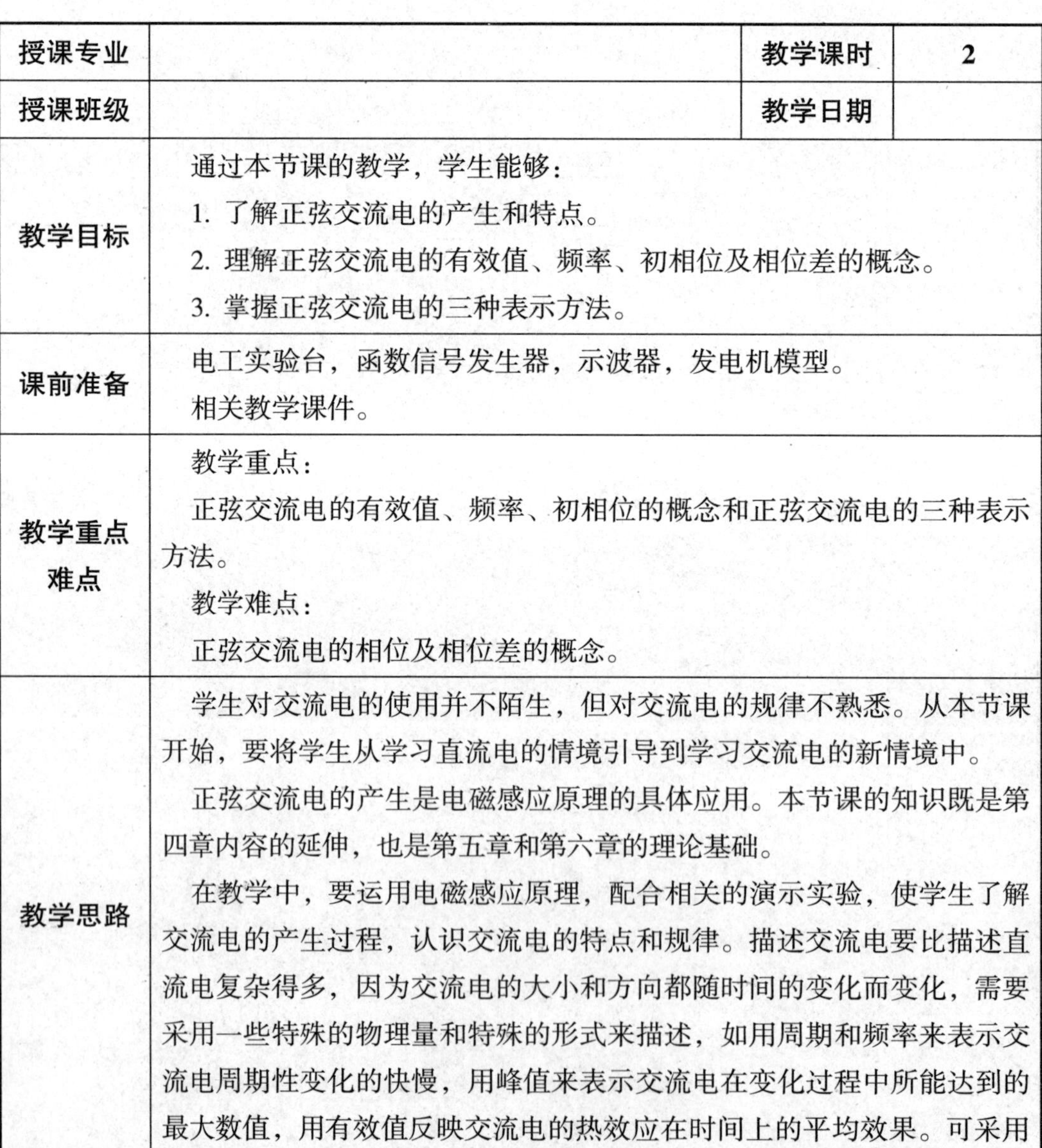

授课专业		教学课时	2
授课班级		教学日期	
教学目标	通过本节课的教学，学生能够： 1. 了解正弦交流电的产生和特点。 2. 理解正弦交流电的有效值、频率、初相位及相位差的概念。 3. 掌握正弦交流电的三种表示方法。		
课前准备	电工实验台，函数信号发生器，示波器，发电机模型。 相关教学课件。		
教学重点难点	教学重点： 正弦交流电的有效值、频率、初相位的概念和正弦交流电的三种表示方法。 教学难点： 正弦交流电的相位及相位差的概念。		
教学思路	学生对交流电的使用并不陌生，但对交流电的规律不熟悉。从本节课开始，要将学生从学习直流电的情境引导到学习交流电的新情境中。 正弦交流电的产生是电磁感应原理的具体应用。本节课的知识既是第四章内容的延伸，也是第五章和第六章的理论基础。 在教学中，要运用电磁感应原理，配合相关的演示实验，使学生了解交流电的产生过程，认识交流电的特点和规律。描述交流电要比描述直流电复杂得多，因为交流电的大小和方向都随时间的变化而变化，需要采用一些特殊的物理量和特殊的形式来描述，如用周期和频率来表示交流电周期性变化的快慢，用峰值来表示交流电在变化过程中所能达到的最大数值，用有效值反映交流电的热效应在时间上的平均效果。可采用		

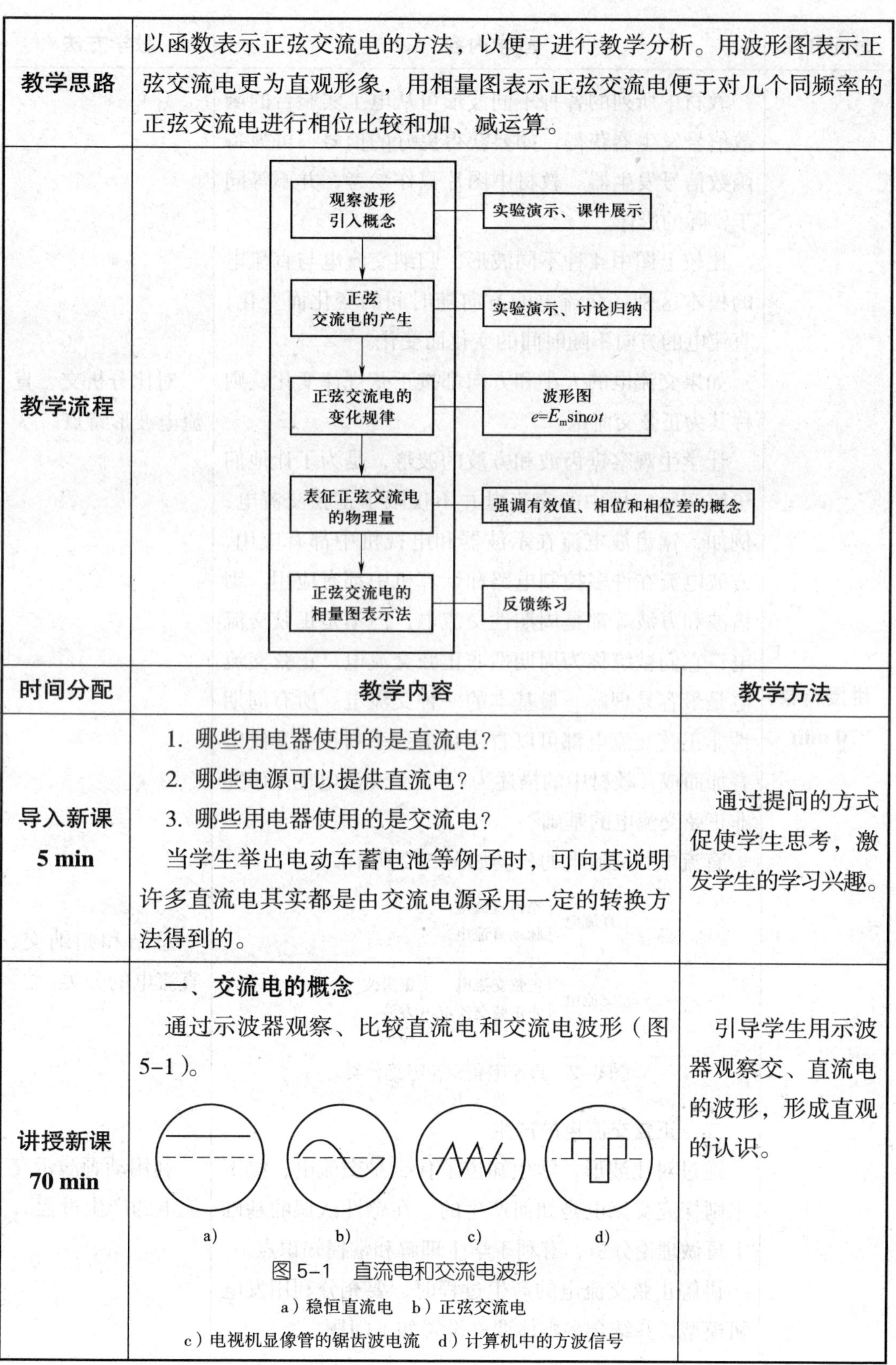

教学思路	以函数表示正弦交流电的方法，以便于进行教学分析。用波形图表示正弦交流电更为直观形象，用相量图表示正弦交流电便于对几个同频率的正弦交流电进行相位比较和加、减运算。	
教学流程	观察波形引入概念 — 实验演示、课件展示 正弦交流电的产生 — 实验演示、讨论归纳 正弦交流电的变化规律 — 波形图 $e=E_m\sin\omega t$ 表征正弦交流电的物理量 — 强调有效值、相位和相位差的概念 正弦交流电的相量图表示法 — 反馈练习	
时间分配	教学内容	教学方法
导入新课 5 min	1. 哪些用电器使用的是直流电？ 2. 哪些电源可以提供直流电？ 3. 哪些用电器使用的是交流电？ 当学生举出电动车蓄电池等例子时，可向其说明许多直流电其实都是由交流电源采用一定的转换方法得到的。	通过提问的方式促使学生思考，激发学生的学习兴趣。
讲授新课 70 min	**一、交流电的概念** 通过示波器观察、比较直流电和交流电波形（图 5-1）。 a)　b)　c)　d) 图 5-1　直流电和交流电波形 a）稳恒直流电　b）正弦交流电 c）电视机显像管的锯齿波电流　d）计算机中的方波信号	引导学生用示波器观察交、直流电的波形，形成直观的认识。

<table>
<tr><th>时间分配</th><th>教学内容</th><th>教学方法</th></tr>
<tr><td>讲授新课
70 min</td><td>教材中所列的各种不同波形可从电工实验台的函数信号发生器获得，如要获得更好的信号，可另备函数信号发生器。教材中图片只作参考，并不等同于实际的影像。
比较上图中 4 种不同波形，归纳交流电与直流电的根本区别：交流电的方向随时间的变化而变化，直流电的方向不随时间的变化而变化。
如果交流电的大小和方向都按正弦规律变化，则称其为正弦交流电。
让学生观察锯齿波和方波的波形，是为了让他们了解实际应用中的交流电并不仅限于正弦交流电，例如，锯齿波电流在示波器和电视机中都有应用，方波电流在许多控制电路和计算机中都有应用。锯齿波和方波等都是周期性交流电，但不是正弦交流电，它们被统称为周期性非正弦交流电。正弦交流电是最容易理解、最基本的一种交流电。所有周期性非正弦交流电都可以看作是由一系列正弦交流电叠加而成，教材中的描述为：“正弦交流电也是研究非正弦交流电的基础”。
直流电和交流电的分类如图 5-2 所示。
直流电 { 稳恒直流电；脉动直流电 }
交流电 { 正弦交流电；非正弦交流电 { 锯齿波；方波；…… } }
图 5-2　直流电和交流电的分类
二、正弦交流电的产生
通过对比波形，学生知道了什么是交流电，接下来则探究交流电是如何产生的。在感性认识的基础上再做理论分析，有利于学生理解和掌握知识点。
讲解正弦交流电的产生过程时，要充分利用发电机模型，并结合多媒体课件设置如下问题。</td><td>对比分析交、直流电波形特点。
总结和归纳交、直流电的分类。
利用动画演示交流电的产生过程。</td></tr>
</table>

时间分配	教学内容	教学方法
讲授新课 70 min	【例 1】观察图 5-3 所示的线圈截面图，回答问题。 图 5-3　线圈截面图 （1）线圈在转动过程中，哪些边会产生感应电动势? （2）当线圈转到什么位置时，线圈中没有电流? （3）当线圈转到什么位置时，线圈中电流最大? （4）在什么位置线圈中的感应电流会改变方向? 讨论过上述问题后，再进一步将问题细化，从中性面（即与磁感线垂直时的线圈平面）开始，就几个关键位置对线圈转动一圈的过程中感应电动势大小和方向的变化逐个进行分析，并逐步完成正弦交流电的产生波形图。经过这一系列的分析讨论，学生会对正弦交流电的产生过程形成一个清晰、完整的印象。 可结合课堂讨论来推导线圈产生的感应电动势的计算公式。 第一步：讨论什么是中性面。 第二步：设线圈从中性面开始转动。线圈转动的角速度为 ω，经历的时间为 t。 得出 $e=E_m\sin\omega t$ 第三步：若从线圈平面与中性面成一夹角 φ_0 时开始计时，则得出 $e=E_m\sin(\omega t+\varphi_0)$	引导学生围绕问题展开讨论，推导出感应电动势的计算公式。

<table>
<tr><th>时间分配</th><th>教学内容</th><th>教学方法</th></tr>
<tr><td>讲授新课
70 min</td><td>三、表征正弦交流电的物理量
正弦交流电波形如图 5-4 所示。 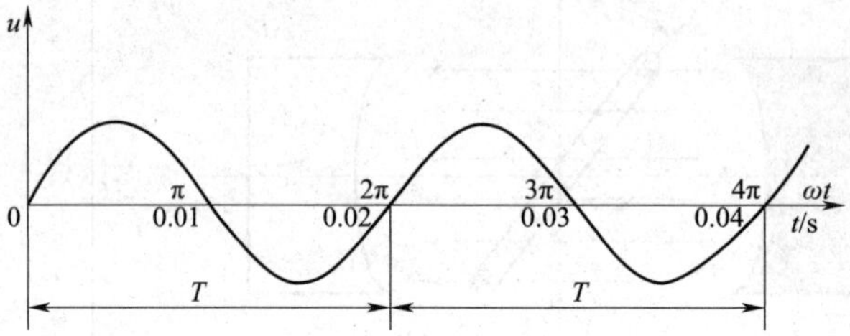
u 0 π 0.01 2π 0.02 3π 0.03 4π 0.04 ωt t/s T T
图 5-4　正弦交流电波形
1. 周期
正弦交流电每重复变化一次所需的时间称为周期，用符号 T 表示，单位是秒（s）。上图所示正弦交流电的周期为 0.02 s。
2. 频率
正弦交流电在 1 s 内重复变化的次数称为频率，用符号 f 表示，单位是赫兹（Hz）。
根据定义可知，周期和频率互为倒数，即
$$f=\frac{1}{T}\quad 或\quad T=\frac{1}{f}$$
我国和多数国家电网标准频率为 50 Hz（习惯上称为工频），少数国家采用 60 Hz 的频率。
3. 角频率
正弦交流电每秒变化的电角度（每重复变化一次所对应的电角度为 2π，即 360°）称为角频率，用符号 ω 表示，单位是弧度每秒（rad/s）。角频率与周期、频率的关系为
$$\omega=\frac{2\pi}{T}=2\pi f$$
例如，50 Hz 所对应的角频率是 100π rad/s，即约 314 rad/s。
引入角频率 ω 后，相应正弦交流电波形的横坐标也就用 ωt 表示。</td><td>讲解正弦交流电的周期、频率和角频率等概念及其计算方法。</td></tr>
</table>

<table>
<tr><th>时间分配</th><th>教学内容</th><th>教学方法</th></tr>
<tr><td>讲授新课
70 min</td><td>4. 最大值、有效值和平均值
这一组物理量反映的是正弦交流电的大小。
（1）最大值
正弦交流电在一个周期所能达到的最大瞬时值称为正弦交流电的最大值（又称峰值、幅值）。最大值用大写字母加下标 m 表示，如 E_m、U_m、I_m。
从正弦交流电的反向最大值到正向最大值称为峰 - 峰值，用 U_{P-P} 表示。显然，正弦交流电的峰 - 峰值等于最大值的 2 倍，如图 5-5 所示。在示波器上读取正弦交流电的峰 - 峰值较为方便，这样不必确定零点即可知正弦交流电的最大值。测得电压峰 - 峰值后，由 $U_{P-P}=2U_m$ 即可得
$$U_m=\frac{1}{2}U_{P-P}$$ 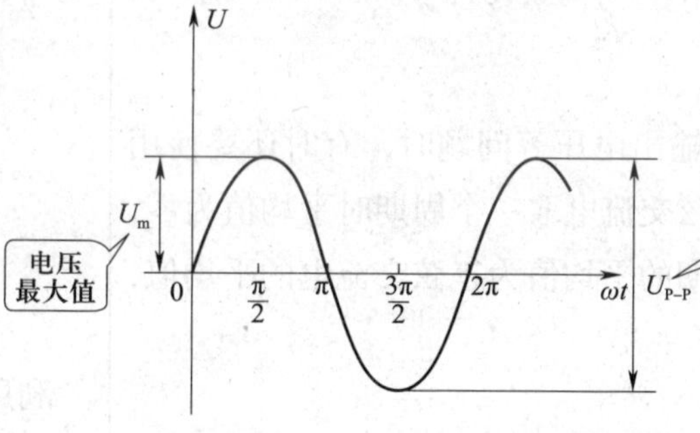

图 5-5　交流电的最大值和峰 - 峰值
（2）有效值
交流电的大小是随时间变化的，那么，当我们研究交流电的功率时，应该用什么来表示交流电的平均效果呢？可设计如下实验：取两只完全相同的电水壶，装入温度、质量相同的水，如图 5-6 所示。 

图 5-6　交流电的有效值</td><td>讲解正弦交流电的最大值、有效值和平均值的概念及计算方法。

利用波形图进行讲解。

通过具体的实例讲解抽象的知识，帮助学生理解。</td></tr>
</table>

时间分配	教学内容	教学方法
讲授新课 **70 min**	电水壶分别接通交流电和稳恒直流电，如果两壶水在相同的时间内被烧开，说明它们产生的热效应是相同的。此时，这一稳恒直流电的数值就被称为该交流电的有效值。 为了使有效值的概念更为准确，交流电的有效值是以一个周期来定义的：让交流电和稳恒直流电分别通过大小相同的电阻，如果在交流电的一个周期内它们产生的热量相等，而这个稳恒直流电的电压是 U，电流是 I，就把 U、I 称为相应交流电的有效值。有效值用大写字母表示，如 E、U、I。 正弦交流电的有效值和最大值之间有如下关系： $$I=\frac{I_m}{\sqrt{2}}\approx 0.707I_m$$ $$U=\frac{U_m}{\sqrt{2}}\approx 0.707U_m$$ （3）平均值 在讨论电路的输出电压等问题时，有时还要使用平均值。由于正弦交流电取一个周期时平均值为零，所以规定半个周期的平均值为正弦交流电的平均值，如图 5-7 所示。 图 5-7　正弦交流量的平均值用半个周期的平均值表示 正弦电动势、电压和电流的平均值分别用符号 E_P、U_P、I_P 表示。平均值与最大值之间的关系是 $$E_P=\frac{2}{\pi}E_m \quad U_P=\frac{2}{\pi}U_m \quad I_P=\frac{2}{\pi}I_m$$ 有效值与平均值之间的关系是 $$E=\frac{\pi}{2\sqrt{2}}E_P\approx 1.1E_P$$	利用波形图进行讲解。

时间分配	教学内容	教学方法
讲授新课 **70 min**	$U=\frac{\pi}{2\sqrt{2}}U_P\approx 1.1U_P \quad I=\frac{\pi}{2\sqrt{2}}I_P\approx 1.1I_P$ 5. 相位与相位差 （1）相位 在式 $e=E_m\sin(\omega t+\varphi_0)$ 中，$(\omega t+\varphi_0)$ 表示正弦量随时间变化的电角度，称为相位角，也称相位或相角，它反映了交流电变化的进程。式中 φ_0 为正弦量在 t=0 时的相位，称为初相位，也称初相角或初相。 交流电的初相可以为正，也可以为负。若 t=0 时正弦量的瞬时值为正，则初相为正，如图 5–8a 所示；若 t=0 时正弦量的瞬时值为负，则初相为负，如图 5–8b 所示。 图 5–8　相位的正负 a）初相为正　b）初相为负 初相通常用不大于 180° 的角来表示。例如，$i=50\sin(\omega t+240°)$ A 应记为 $i=50\sin(\omega t-120°)$ A。 （2）相位差 两个同频率交流电的相位之差称为相位差，用符号 φ 表示，即 $\varphi=(\omega t+\varphi_1)-(\omega t+\varphi_2)=\varphi_1-\varphi_2$ 如果交流电 e_1 比另一个交流电 e_2 提前达到零值或最大值（即 $\varphi>0$），则称 e_1 超前 e_2，或称 e_2 滞后 e_1；若两个交流电同时达到零值或最大值，即两者的初相位相等，则称它们同相位，简称同相；若一个交流电达到正的最大值时，另一个交流电同时达	结合波形图，讲解相位与相位差的概念。

时间分配	教学内容	教学方法
讲授新课 70 min	到负的最大值，即它们的初相位相差 180°，则称它们反相位，简称反相；若两个正弦交流电相位差 φ=90°，则称它们正交。相应波形图如图 5-9 所示。 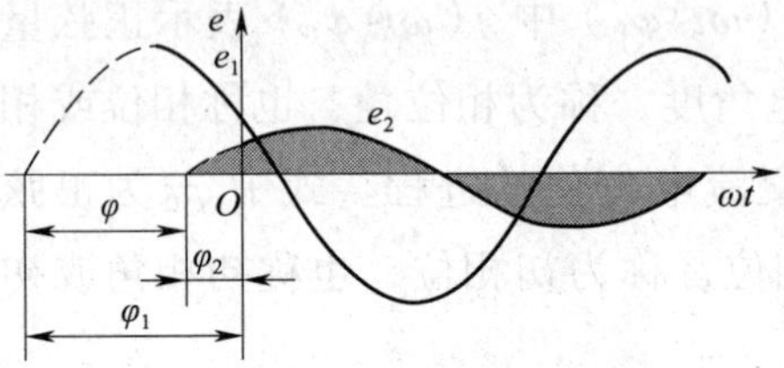 a） 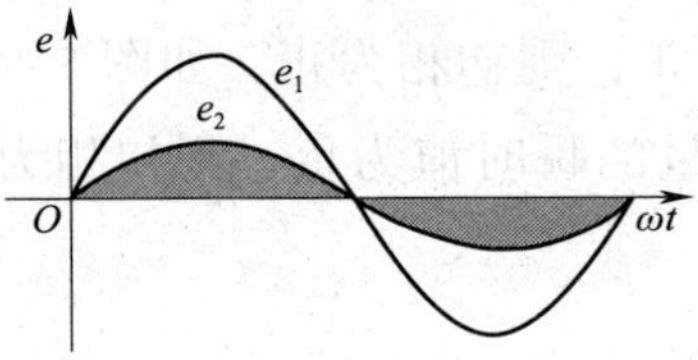 b） 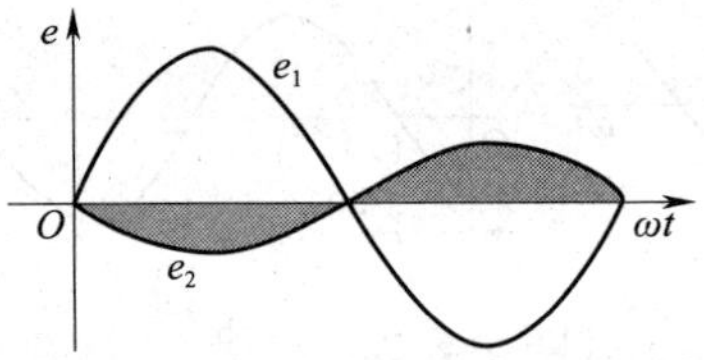 c） 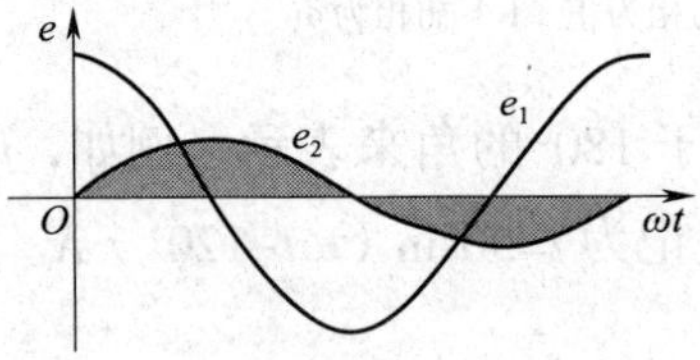 d） 图 5-9　两个同频率交流电的相位关系 a）超前或滞后　b）同相　c）反相　d）正交 从波形图上观察两个正弦量的相位差，可以选它们的最大值（或零值）来参考，沿时间轴正方向看，先出现最大值（或零值）的正弦量超前，后出现的滞后。例如，在上图中，可以说 e_1 超前于 e_2，相位差为 φ；也可以说 e_2 滞后于 e_1，相位差为 φ。	引导学生根据波形图判断两个同频率交流电的相位关系。

时间分配	教学内容	教学方法
讲授新课 70 min	习惯上相位差的取值范围是 $-180° < \varphi \leqslant 180°$。若计算结果 $\varphi=\varphi_1-\varphi_2 \geqslant 180°$ 或 $\varphi=\varphi_1-\varphi_2<-180°$，应取 $360° \pm \varphi$ 作为相位差，并改变相关描述，以满足取值范围要求。例如，若计算结果 $\varphi=\varphi_1-\varphi_2=120°-(-120°)=240°$，一般不说 e_1 超前 $e_2$240°，而是说 e_2 超前 $e_1$120°。 综上所述，正弦交流电的最大值反映了正弦交流电的变化范围，角频率反映了正弦交流电的变化快慢，初相位反映了正弦交流电的起始状态。它们是表征正弦交流电的三个重要物理量。知道了这三个量就可以确定唯一一个交流电，写出其瞬时值的表达式，因此常把最大值、角频率和初相位称为正弦交流电的三要素。 【例 2】已知两正弦电动势分别是 $e_1=100\sqrt{2}\sin(100\pi t+60°)$ V， $e_2=65\sqrt{2}\sin(100\pi t-30°)$ V。求： （1）各电动势的最大值和有效值。 （2）频率、周期。 （3）相位、初相位、相位差。 （4）波形图。 解： （1）最大值： $E_{m1}=100\sqrt{2}$ V $E_{m2}=65\sqrt{2}$ V 有效值： $E_1=\dfrac{100\sqrt{2}}{\sqrt{2}}$ V $=100$ V $E_2=\dfrac{65\sqrt{2}}{\sqrt{2}}$ V $=65$ V （2）频率： $f_1=f_2=\dfrac{\omega}{2\pi}=\dfrac{100\pi}{2\pi}$ Hz $=50$ Hz	使学生通过练习例题，掌握正弦交流电三要素的计算方法。

时间分配	教学内容	教学方法
讲授新课 **70 min**	周期： $T_1=T_2=\frac{1}{f}=\frac{1}{50}\ \mathrm{s}=0.02\ \mathrm{s}$ （3）相位： $\alpha_1=100\pi t+60^\circ \quad \alpha_2=100\pi t-30^\circ$ 初相位： $\varphi_1=60^\circ \quad \varphi_2=-30^\circ$ 相位差： $\varphi=\varphi_1-\varphi_2=60^\circ-(-30^\circ)=90^\circ$ （4）波形图如图 5–10 所示。 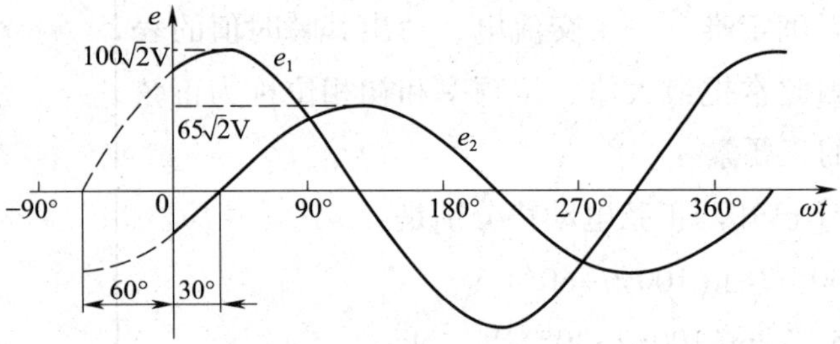 图 5–10　例 2 波形图 **四、正弦交流电的相量图表示法** 由例题直接引入相量图表示法，以此设疑，激起学生的求知欲，并让学生在实际解题的过程中认识相量图表示法，这可使抽象的推导变为具体的应用，而且也便于展开课堂讨论和进行师生互动。 正弦量都可以用这样一个长度对应有效值、与参考方向夹角对应初相的有向线段来表示，这个量称为相量，一般用 $\dot{E}$、$\dot{U}$、$\dot{I}$ 等符号来表示，如图 5–11 所示。 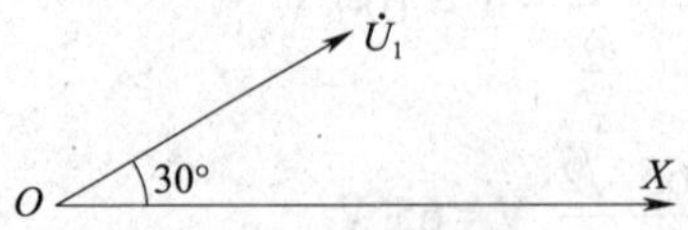 图 5–11　相量图 上图所示就是$u_1=3\sqrt{2}\sin(314t+30^\circ)$ V对应的相量图。	讲解如何用相量图来表示正弦量。向学生强调线段的长度表示正弦量的有效值，相量和与 X 轴正方向的夹角为正弦量和的初相。

时间分配	教学内容	教学方法
讲授新课 70 min	相量也可以用代数形式表达各物理量之间的关系，如 $\dot{U}_1$ 和 $\dot{U}_2$ 两个相量的和可表示为 $\dot{U}_1+\dot{U}_2$，但应注意此时并不能直接用有效值进行代数运算，而应采用平行四边形法则等几何方法，或复数运算等代数方法。 将相同频率的几个正弦量的相量画在同一个图中，就可以采用平行四边形法则来进行它们的加减运算了，如图 5–12 所示。 图 5–12　相量求和 使用平行四边形法则求 $\dot{U}_1+\dot{U}_2$ 的方法是，以 $\dot{U}_1$ 和 $\dot{U}_2$ 为邻边、以长度为边长作一平行四边形，以 $\dot{U}_1$ 和 $\dot{U}_2$ 的交点为起点、以其对角的顶点为终点作一有向线段，所得相量即为二者的相量和。相量和的长度表示正弦量和的有效值，相量和与 X 轴正方向的夹角即为正弦量和的初相，角频率不变。 使用平行四边形法则求 $\dot{U}_1-\dot{U}_2$ 时，可将 $\dot{U}_2$ 反向延长相等长度，得到 $-\dot{U}_2$，按上述方法求 $\dot{U}_1+(-\dot{U}_2)$。 由上图所示，用 u_1 和 u_2 的相量图可以很方便地求出 u_1+u_2 的瞬时值表达式。由于 $\dot{U}_1$、$\dot{U}_2$ 夹角恰好为 90°，有 $U=\sqrt{U_1^2+U_2^2}=\sqrt{3^2+4^2}\ \text{V}=5\ \text{V}$ $\varphi=\arctan\frac{U_2}{U_1}=\arctan\frac{4}{3}\approx 53°$　（u_1 超前 u 的角度） 于是可得 $u=u_1+u_2$ 的三要素为： $U=5\ \text{V}$　$\omega=314\ \text{rad/s}$　$\varphi_u=\varphi_1-\varphi=30°-53°=-23°$	向学生演示如何运用平行四边形法则计算向量的和。

<table>
<tr><th>时间分配</th><th>教学内容</th><th>教学方法</th></tr>
<tr><td>讲授新课
70 min</td><td>所以
$$u=5\sqrt{2}\sin(314t-23°)\ \text{V}$$
教学中应注意以下几点：
1. 同一相量图中，各正弦交流电的频率应相同。
2. 同一相量图中，相同单位的相量应按相同比例画出。
3. 一般取直角坐标轴的水平正方向为参考方向，有时为了方便，也可在几个相量中任选其一确定参考方向，并且不画出直角坐标轴。
4. 一个正弦量的相量图、波形图、解析式是正弦量的几种不同的表示方法，它们有一一对应的关系，但在数学上并不相等，如果写成 $e=E_m\sin(\omega t+\varphi)=\dot{E}$，则是错误的。
5. 可让学生在用相量图运算求得和或差后，列出其对应的正弦交流电的解析式，画出其波形草图，从而熟悉正弦交流电的三种表示方法之间的联系。</td><td></td></tr>
<tr><td>课堂总结
10 min</td><td>1. 正弦交流电动势的瞬时值表达式（解析式）。
2. 最大值、角频率和初相位被称为正弦交流电的三要素。
3. 与正弦交流电的三要素相关的概念。
频率：
$$f=\frac{\omega}{2\pi}$$
周期：
$$T=\frac{1}{f}$$
有效值：
$$I=\frac{I_m}{\sqrt{2}}、\quad U=\frac{U_m}{\sqrt{2}}、\quad E=\frac{E_m}{\sqrt{2}}$$
平均值：
$$E_P=\frac{2}{\pi}E_m、\quad U_P=\frac{2}{\pi}U_m、\quad I_P=\frac{2}{\pi}I_m$$</td><td>归纳并总结本节课的知识点。</td></tr>
</table>

布置作业	习题册相关习题。
教学反思	本节课学习的正弦交流电的相关概念既重要又实用，但此部分知识较为抽象难懂。在授课过程中，应根据学生实际情况，采用讲授法和自主学习法等相结合的教学模式，激发学生的学习主动性。另外，将抽象的物理量设计成波形图、相量图的形式，形象直观，使学生更容易理解正弦交流电的三要素。 绝大多数学生能理解并掌握本节课的知识点，对本门课的学习也产生了很大的兴趣。不足的是，在教学设计中探究学习的部分所占比例较小，应在今后的教学设计中加以改进。

§5-2 电容器和电感器

<table>
<tr><td>授课专业</td><td></td><td>教学课时</td><td>2</td></tr>
<tr><td>授课班级</td><td></td><td>教学日期</td><td></td></tr>
<tr><td>教学目标</td><td colspan="3">通过本节课的教学，学生能够：
1. 了解电容器的结构和类型，理解容抗的概念，掌握电容“隔直流，通交流，阻低频，通高频”的特性。
2. 了解电感器的结构和类型，理解感抗的概念，掌握电感“通直流，阻交流，通低频，阻高频”的特性。
3. 正确使用万用表大致判断电容器和电感器的好坏。</td></tr>
<tr><td>课前准备</td><td colspan="3">电容器，电感器，电源，电阻，万用表，日光灯的启辉器。
相关教学课件。</td></tr>
<tr><td>教学重点难点</td><td colspan="3">教学重点：
容抗、感抗的概念。
教学难点：
1. 容抗、感抗与信号类型、信号频率的关系。
2. 时间常数的概念。</td></tr>
<tr><td>教学思路</td><td colspan="3">电容器和电感器都是储能元件，它们在电路中具有对应的导电特性，而且经常配合使用。为了便于分析、对比这两者，将其相关内容安排在同一节课中讲解。因为第四章已对电感器的结构和原理多有涉及，所以本节课有关电容器的内容相对较多。
教学中应注意以下几点：
1. 电容器和电感器种类繁多，在课堂上应尽可能多地展示实物，让学生对其外形、分类等形成一定的认识。
2. 容抗、感抗、时间常数和储能特性等概念较为抽象，要通过多项实验来帮助学生理解。一定要动手实验，绝不可以讲代做。
3. 充分利用电容和电感相对应的导电特性，引导学生对二者进行分析对比，增进理解、加深印象。</td></tr>
</table>

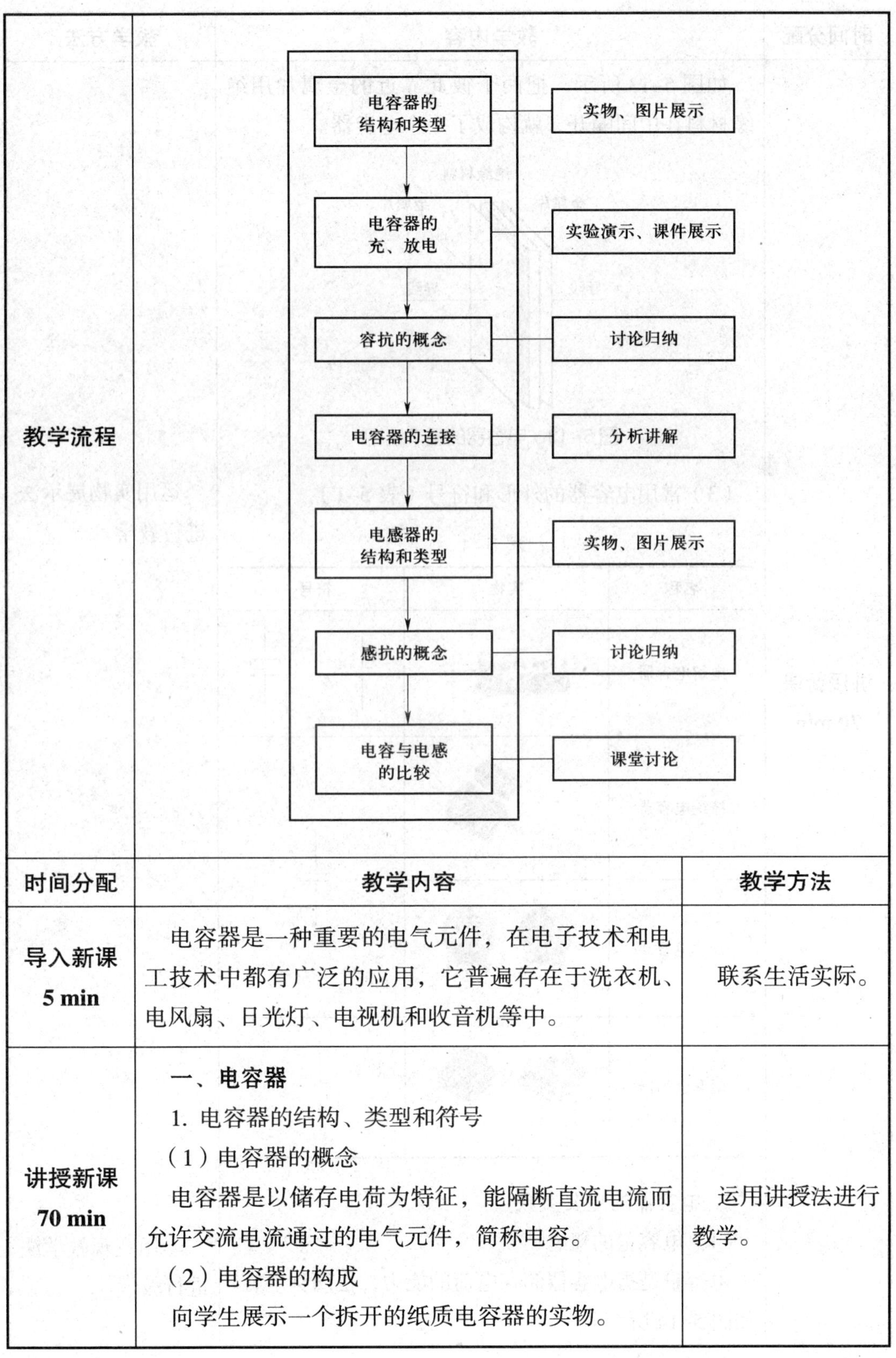

教学流程		
时间分配	**教学内容**	**教学方法**
导入新课 **5 min**	电容器是一种重要的电气元件，在电子技术和电工技术中都有广泛的应用，它普遍存在于洗衣机、电风扇、日光灯、电视机和收音机等中。	联系生活实际。
讲授新课 **70 min**	**一、电容器** 1. 电容器的结构、类型和符号 （1）电容器的概念 电容器是以储存电荷为特征，能隔断直流电流而允许交流电流通过的电气元件，简称电容。 （2）电容器的构成 向学生展示一个拆开的纸质电容器的实物。	运用讲授法进行教学。

<table>
<tr><th>时间分配</th><th>教学内容</th><th>教学方法</th></tr>
<tr>
<td>讲授新课
70 min</td>
<td>
如图 5-13 所示，把两个彼此靠近的金属片用绝缘材料在中间隔开，就构成了一个电容器。
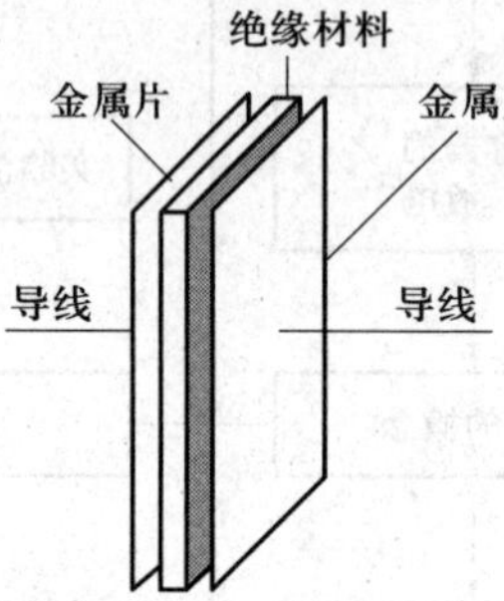

图 5-13　电容器的基本结构
（3）常用电容器的外形和符号（表 5-1）
表 5-1
<table>
<tr><th>名称</th><th>实物</th><th>符号</th></tr>
<tr><td>电解电容器</td><td></td><td>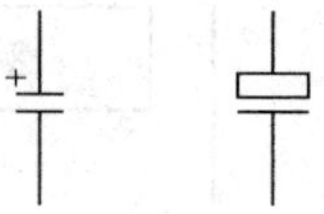</td></tr>
<tr><td>涤纶电容器</td><td>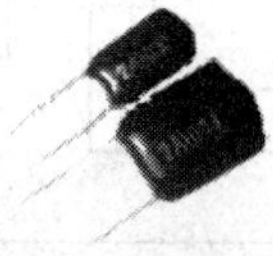</td><td rowspan="2">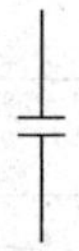</td></tr>
<tr><td>瓷片电容器</td><td>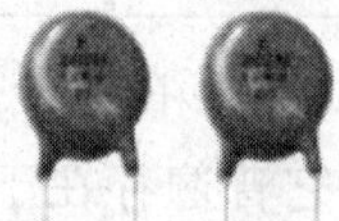</td></tr>
<tr><td>微调电容器</td><td></td><td></td></tr>
</table>
2. 电容器的主要参数
（1）电容量的概念
电容量是指电容器储存电荷的能力，也简称电容，如图 5-14 所示。
</td>
<td>运用实物展示法进行教学。

运用直观教学法进行教学。</td>
</tr>
</table>

时间分配	教学内容	教学方法
讲授新课 70 min	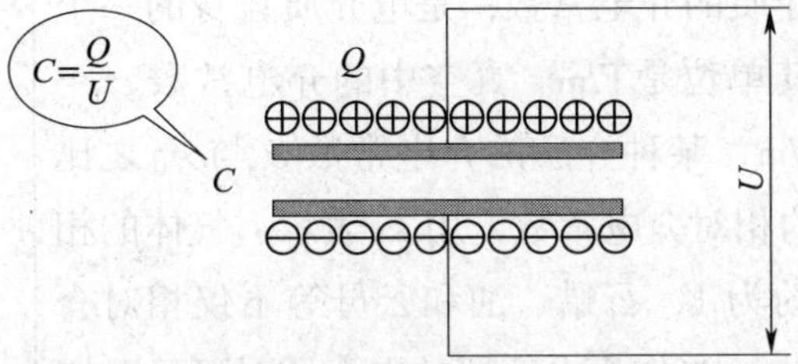 图 5-14 电容量定义示意图 如上图所示，电容量在数值上等于电容器在单位电压作用下所储存的电荷量，即 $$C=\frac{Q}{U}$$ 单位：法拉（F），常用的较小单位有微法（μF）和皮法（pF）。 （2）影响电容的因素 平行板电容器是最常见的电容器，如图 5-15 所示。 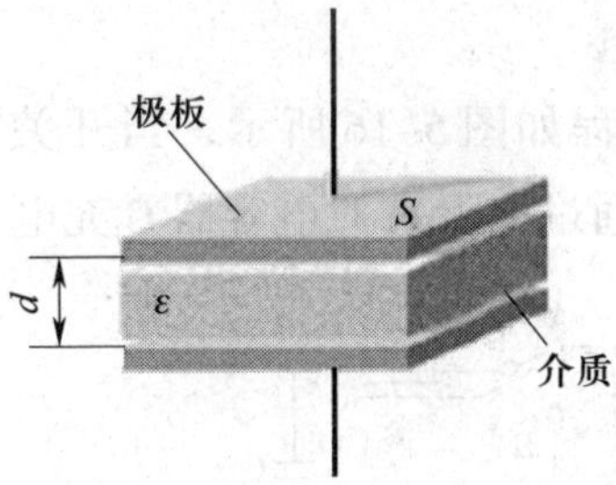 图 5-15 平行板电容器的结构 电容是电容器的固有属性，它只与电容器的极板正对面积、极板间距离和极板间电介质的特性有关；而与外加电压的大小、电容器带电多少等外部条件无关。 设平行板电容器极板正对面积为 S，两极板间的距离为 d，则平行板电容器的电容可按下式计算 $$C=\frac{\varepsilon S}{d}$$	运用类比法进行教学。

时间分配	教学内容	教学方法
讲授新课 70 min	式中，C、S、d 的单位分别是 F、m^2、m。其中 ε 称为极板间电介质的介电常数，是电介质自身的一个特性参数，其单位是 F/m。真空中的介电常数 $\varepsilon_0 \approx 8.86\times10^{-12}$ F/m，某种介质的介电常数 ε 与 ε_0 之比称为该介质的相对介电常数，用 ε_r 表示。气体的相对介电常数约为 1，石蜡、油和云母等不仅相对介电常数 ε_r 较大，当作为电容器的电介质时可显著增大电容，而且能做成很小的极板间隔，因而应用很广。 （3）额定电压 电容器的额定电压（也称耐压）是指，在规定温度范围内，可以连续加在电容器上而不损坏电容器的最大直流电压或交流电压的有效值。它也是电容器的一个重要参数，常用的固定电容器的耐压有 10 V、16 V、25 V、35 V、50 V、63 V、100 V、250 V 和 500 V 等。 3. 电容器的充电和放电 （1）电容器的充电 电容器的充电过程如图 5–16 所示，当开关 S 置于 A 端，电源开始通过电阻 R 对电容器 C 充电。 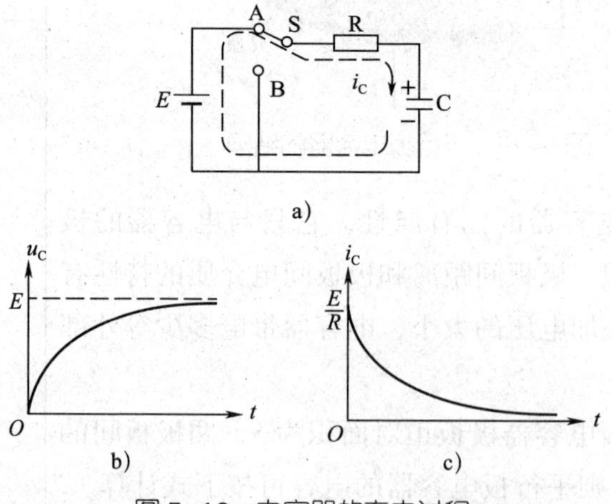 图 5–16　电容器的充电过程 a）电容器充电　b）充电电压曲线　c）充电电流曲线	运用探究法进行教学。

时间分配	教学内容	教学方法
讲授新课 70 min	起初，充电电流 i_C 较大，为 $i_C=\frac{E}{R}$，但随着电容器C两端电荷的不断积累，电压 u_C 越来越高，它阻碍了电源对电容器的充电，使充电电流越来越小，直至为零，这时电容器两端的电压达到了最大值 E。 【例 1】在电容器充电过程中能量是怎样转化的？ 电容器带电量 Q 增加，极板间电压 u_C 增加，电能转化为电场能。 （2）电容器的放电 电容器的放电过程如图 5-17 所示，当电容器两端充足电后，若将开关 S 置于 B 端，电容器开始通过电阻 R 放电，其电流方向与充电时相反。 图 5-17 电容器的放电过程 a）电容器放电 b）放电电压曲线 c）放电电流曲线 起初，放电电流 i_C 较大，为 $i_C=\frac{E}{R}$，但随着电容器C两端电荷的不断减少，电压 u_C 越来越低，放电电流越来越小，直至为零，这时电容器两端的电压也为零。 【例 2】在电容器放电过程中能量是怎样转化的？ 电容器带电量 Q 减小，极板间电压 u_C 减少，电场能转化为电能。 电容器充放电达到稳定值所需要的时间与 R 和 C 的大小有关，通常用 R 和 C 的乘积来描述这一物理量，称为 RC 电路的时间常数，用 τ 表示，即	运用实验法进行教学。

<table>
<tr><th>时间分配</th><th>教学内容</th><th>教学方法</th></tr>
<tr><td>讲授新课
70 min</td><td>$$\tau=RC$$
时间常数的单位为 s。τ 越大，充电越慢，放电也越慢。
4. 容抗
（1）容抗的概念
当电容器外接交流电时，电源与电容器之间不断地充电和放电，电容器对交流电也会有阻碍作用。电容对交流电的阻碍作用称为容抗，用 X_C 表示，容抗的单位是欧姆（Ω）。
（2）容抗的计算式
$$X_C=\frac{1}{\omega C}=\frac{1}{2\pi fC}$$
电容的容抗与频率的关系可以简单概括为：隔直流，通交流；阻低频，通高频。因此，电容也被称为高通元件。
5. 电容器的连接
（1）电容器的串联
如图 5–18 所示是三个电容器的串联电路，在电路两端加上直流电压 U，给电容器充电，达到稳定状态后每个电容器所带电荷量应相等，将其设为 Q，则各个电容器的电压分别为
$$U_1=\frac{Q}{C_1}\quad U_2=\frac{Q}{C_2}\quad U_3=\frac{Q}{C_3}$$
总电压 U 等于各电容器上的电压之和，所以
$$U=U_1+U_2+U_3=Q\left(\frac{1}{C_1}+\frac{1}{C_2}+\frac{1}{C_3}\right)$$ 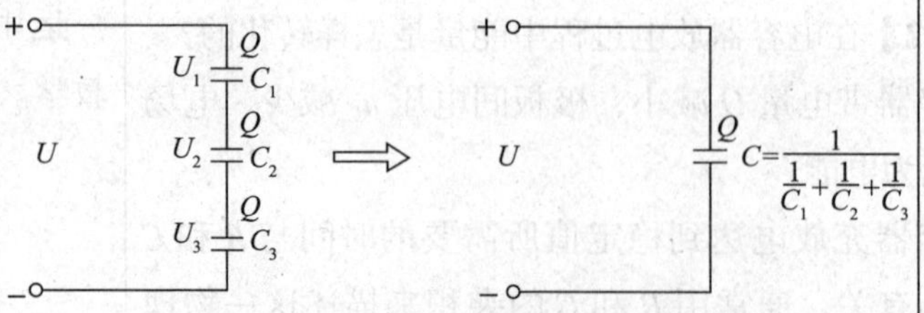
$$C=\frac{1}{\frac{1}{C_1}+\frac{1}{C_2}+\frac{1}{C_3}}$$
图 5–18　三个电容器串联</td><td>运用讲授法进行教学。

运用讲授法进行教学。</td></tr>
</table>

时间分配	教学内容	教学方法
讲授新课 70 min	设串联电容器的总电容为 C，因为 $U=\dfrac{Q}{C}$，所以 $\dfrac{1}{C}=\dfrac{1}{C_1}+\dfrac{1}{C_2}+\dfrac{1}{C_3}$ $C=\dfrac{1}{\dfrac{1}{C_1}+\dfrac{1}{C_2}+\dfrac{1}{C_3}}$ 即串联电容器总电容的倒数等于各电容器电容的倒数之和。电容器串联之后，相当于增大了两极板间的距离，所以总电容小于每个电容器的电容。 可见电容器串联后，电容大的电容器分配的电压小，电容小的电容器分配的电压大。即各电容器上分配的电压和它的电容成反比。 如图 5–19 所示，如果两个电容器串联，则总电容的计算式为 $C=\dfrac{C_1C_2}{C_1+C_2}$ 与电阻并联公式相似。 图 5–19　两个电容器串联 电容器上的电压分别为 $U_1=U\dfrac{C_2}{C_1+C_2}\quad U_2=U\dfrac{C_1}{C_1+C_2}$ 与电阻并联电路分流公式相似。 （2）电容器的并联 如图 5–20 所示是三个电容器的并联电路，在电路两端加上直流电压 U 后，每个电容器的电压都是 U，如果三个电容器所带电荷量分别为 Q_1、Q_2、Q_3，则	运用引导分析法进行教学。 运用探究法进行教学。 运用类推法进行教学。

<table>
<tr><th>时间分配</th><th>教学内容</th><th>教学方法</th></tr>
<tr>
<td>讲授新课
70 min</td>
<td>

$$Q_1=C_1U \quad Q_2=C_2U \quad Q_3=C_3U$$

图 5–20　三个电容器并联

电容器储存的总电荷量等于各电容器所带电荷量之和，即

$$Q=Q_1+Q_2+Q_3=(C_1+C_2+C_3)U$$

设并联电容器的总电容为 C，因为 $Q=CU$，所以

$$C=C_1+C_2+C_3$$

即并联电容器的总电容等于各电容器的电容之和。电容器并联之后，相当于增大了两极板的面积，所以总电容大于每个电容器的电容。

二、电感器

1. 电感器的结构、类型和符号

（1）电感器的概念

电感器是将导线绕成一匝或多匝以产生一定自感量的电气元件，简称电感。

（2）电感器的构成

电感器的基本结构是用铜导线绕成的圆筒状线圈。线圈的内腔有些是空的，有些装有铁芯或铁氧体芯，加入铁芯或铁氧体芯的目的是把磁感线更紧密地约束在电感器的周围，最终更有效地发挥其功能。

（3）常用电感器的外形和符号（表 5–2）

表 5–2

<table>
<tr><th>名称</th><th>实物</th><th>符号</th></tr>
<tr><td>空心电感器</td><td></td><td></td></tr>
</table>

</td>
<td>运用讲授法进行教学。

运用实物演示法进行教学。</td>
</tr>
</table>

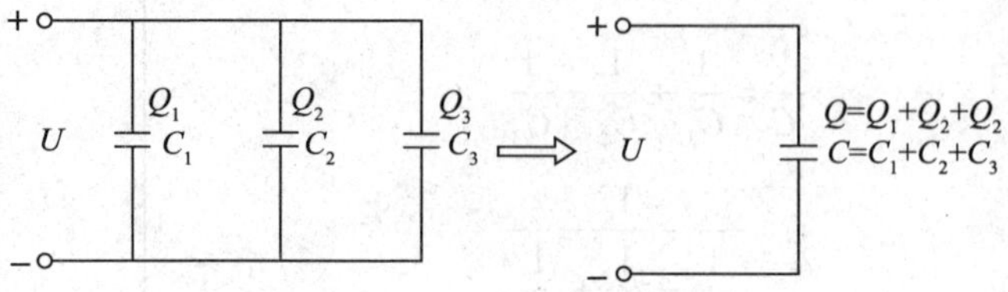

<table>
<tr><th>时间分配</th><th>教学内容</th><th>教学方法</th></tr>
<tr>
<td>讲授新课
70 min</td>
<td>
续表
<table>
<tr><th>名称</th><th>实物</th><th>符号</th></tr>
<tr><td>有磁芯或铁芯的电感器</td><td></td><td></td></tr>
<tr><td>微调电感器</td><td></td><td></td></tr>
<tr><td>有中心抽头的电感线圈</td><td></td><td></td></tr>
</table>
2. 电感器的主要参数
（1）电感
电感器抗拒电流变化的能力可以用电感（即自感系数）来描述，它反映了电流以 1 A/s 的变化速率通过电感器时，所能产生的感应电动势的大小。
（2）品质因数
品质因数也称 Q 值，是衡量电感器储存能量损耗率的一个物理量。Q 值越高，电感器储存的能量损耗率越低，效率越高。Q 值的高低与电感器的直流电阻、线圈圈数、线圈骨架、内芯材料以及工作频率等有关，具体关系如下
$$Q=\frac{\omega L}{R}=\frac{2\pi fL}{R}$$
式中：
ω——交流电角频率。
</td>
<td>运用引导分析法进行教学。</td>
</tr>
</table>

时间分配	教学内容	教学方法
讲授新课 70 min	*L*——电感，与线圈圈数、线圈骨架和内芯材料等有关。 *R*——电感器的直流电阻。 3. 感抗 将电感线圈接入交流电路中，由于交流电的大小和方向随时都在变化，在电感线圈中便不停地产生自感电动势，自感电动势时刻起着阻碍电流变化的作用，电感对交流电的阻碍作用称为感抗，用 X_L 表示。感抗的单位也是欧姆（Ω）。线圈自感系数越大，感抗越大；交流电频率越高，线圈感抗也越大。 感抗的计算式为 $$X_L = 2\pi fL = \omega L$$ 品质因数在数值上就等于电感器在某一频率的交流电压下工作时，所呈现的感抗与其等效损耗电阻之比。 电感的感抗与频率的关系可以简单概括为：通直流，阻交流；通低频，阻高频。因此，电感也称为低通元件。 交、直流电磁铁不能互换使用正是因为电感的这一特性。交流电磁铁接在交流电源上使用时，因为存在感抗，故可在正常电流下工作，而一旦接入直流电源，感抗为零，电阻又很小，使得电流远远超过工作电流，造成事故。	运用类推法进行教学。
课堂总结 10 min	1. 电容对交流电的阻碍作用称为容抗，用 X_C 表示，容抗的单位是欧姆（Ω）。容抗的计算式为 $$X_C = \frac{1}{\omega C} = \frac{1}{2\pi fC}$$ 2. 电容的容抗与频率的关系可以简单概括为：隔直流，通交流；阻低频，通高频。因此，电容也被称为高通元件。	

<table>
<tr><th>时间分配</th><th>教学内容</th><th>教学方法</th></tr>
<tr><td>课堂总结
10 min</td><td>

3. 电容器串、并联的特点见表 5–3。

表 5–3

名称	串联	并联
总电容	总电容的倒数等于各串联电容倒数之和 $\frac{1}{C}=\frac{1}{C_1}+\frac{1}{C_2}+\frac{1}{C_3}+\cdots+\frac{1}{C_n}$ 两电容串联时 $C=\frac{C_1C_2}{C_1+C_2}$ n 个容量均为 C_0 的电容串联时 $C=\frac{C_0}{n}$	总电容等于各并联电容之和 $C=C_1+C_2+C_3+\cdots+C_n$ n 个容量均为 C_0 的电容并联时 $C=nC_0$
电荷量	各电容中的电荷量相同 $Q=Q_1=Q_2=Q_3=\cdots=Q_n$	总电荷量为各电容上电荷量之和 $Q=Q_1+Q_2+Q_3+\cdots+Q_n$
电压	总电压等于各电容上电压之和 $U=U_1+U_2+U_3+\cdots+U_n$ 电压分配与电容成反比 $\frac{U_1}{U_2}=\frac{C_2}{C_1}$	各电容上的电压相等 $U=U_1=U_2=U_3=\cdots=U_n$

4. 电感对交流电的阻碍作用称为感抗，用 X_L 表示。感抗的单位是欧姆（Ω）。感抗的计算式为

$$X_L=2\pi fL=\omega L$$

5. 电感的感抗与频率的关系可以简单概括为：通直流，阻交流；通低频，阻高频。因此，电感也被称为低通元件。

</td><td>归纳并总结本节课的知识点。</td></tr>
</table>

布置作业	习题册相关习题。
教学反思	本节课学习的电容器和电感器既重要又实用，但此部分知识较为抽象难懂。在授课过程中，应根据学生实际情况，采用讲授法和自主探究法相结合的教学模式，激发学生的学习主动性。另外，还应通过演示电容的充、放电过程来引导学生认识电容器储存电荷的能力。 绝大多数学生能理解并掌握本节课的知识点，对本门课的学习也产生了很大的兴趣。不足的是，学生动手操作的时间较短，在以后的教学过程中可以适当增加实训时间，甚至可以把本节课的内容从讲解演示模式调整为分组实验模式，以求取得更好的效果。

§5-3　单一参数交流电路

<table>
<tr><td>授课专业</td><td></td><td>教学课时</td><td>2</td></tr>
<tr><td>授课班级</td><td></td><td>教学日期</td><td></td></tr>
<tr><td>教学目标</td><td colspan="3">通过本节课的教学，学生能够：
1. 了解纯电阻交流电路、纯电感交流电路、纯电容交流电路中电压与电流之间的相位关系和数量关系。
2. 理解交流电路中瞬时功率、有功功率和无功功率的概念。
3. 理解电感和电容的储能特性。</td></tr>
<tr><td>课前准备</td><td colspan="3">电源，电阻，电容器，电感器，示波器，万用表。
相关教学课件。</td></tr>
<tr><td>教学重点难点</td><td colspan="3">教学重点：
电压与电流之间的数量关系。
教学难点：
1. 电压与电流之间的相位关系。
2. 无功功率的概念。</td></tr>
<tr><td>教学思路</td><td colspan="3">讨论单一参数交流电路，就是把电阻、电感、电容（R、L、C）3 个元件都看成理想元件，突出它们的主要作用而忽略其次要因素。电阻元件具有消耗电能的性质（电阻性）；电感元件具有通过电流便产生磁场并储存磁场能量的性质（电感性）；电容元件具有加上电压便产生电场并储存电场能量的性质（电容性）。
学习交流电路一般是从两个方面着手，即电流、电压之间的关系（包括数量关系和相位关系）和功率问题。掌握单一参数交流电路中电流、电压之间的关系和功率关系，是分析和计算正弦交流电路的基础。
在分析单一参数的正弦交流电路时，通常采用关联参考方向的方法，即规定电压和电流的参考方向一致。</td></tr>
</table>

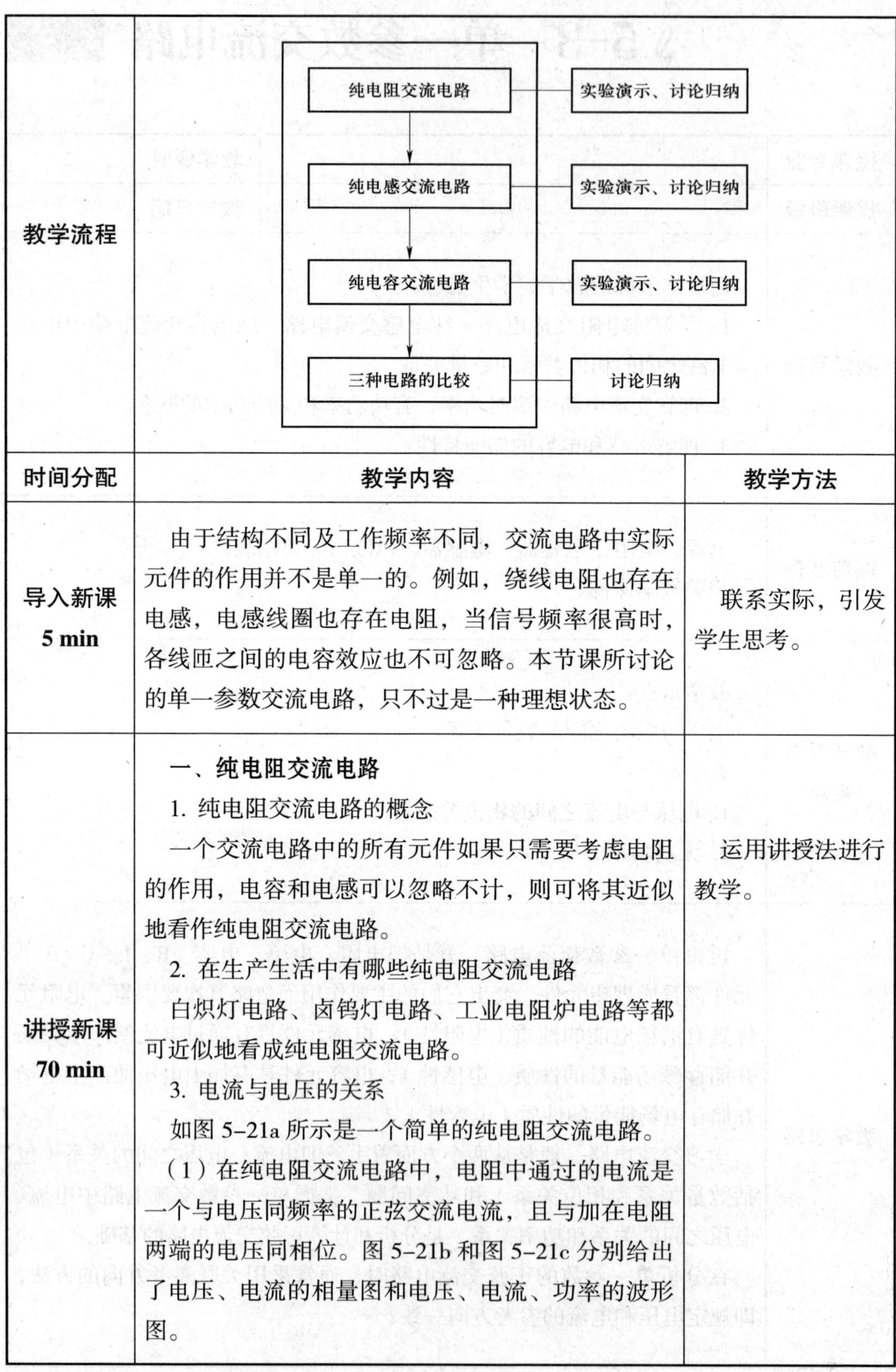

教学流程	纯电阻交流电路 —— 实验演示、讨论归纳 ↓ 纯电感交流电路 —— 实验演示、讨论归纳 ↓ 纯电容交流电路 —— 实验演示、讨论归纳 ↓ 三种电路的比较 —— 讨论归纳	
时间分配	**教学内容**	**教学方法**
导入新课 **5 min**	由于结构不同及工作频率不同，交流电路中实际元件的作用并不是单一的。例如，绕线电阻也存在电感，电感线圈也存在电阻，当信号频率很高时，各线匝之间的电容效应也不可忽略。本节课所讨论的单一参数交流电路，只不过是一种理想状态。	联系实际，引发学生思考。
讲授新课 **70 min**	**一、纯电阻交流电路** 1. 纯电阻交流电路的概念 一个交流电路中的所有元件如果只需要考虑电阻的作用，电容和电感可以忽略不计，则可将其近似地看作纯电阻交流电路。 2. 在生产生活中有哪些纯电阻交流电路 白炽灯电路、卤钨灯电路、工业电阻炉电路等都可近似地看成纯电阻交流电路。 3. 电流与电压的关系 如图 5–21a 所示是一个简单的纯电阻交流电路。 （1）在纯电阻交流电路中，电阻中通过的电流是一个与电压同频率的正弦交流电流，且与加在电阻两端的电压同相位。图 5–21b 和图 5–21c 分别给出了电压、电流的相量图和电压、电流、功率的波形图。	运用讲授法进行教学。

时间分配	教学内容	教学方法
讲授新课 70 min	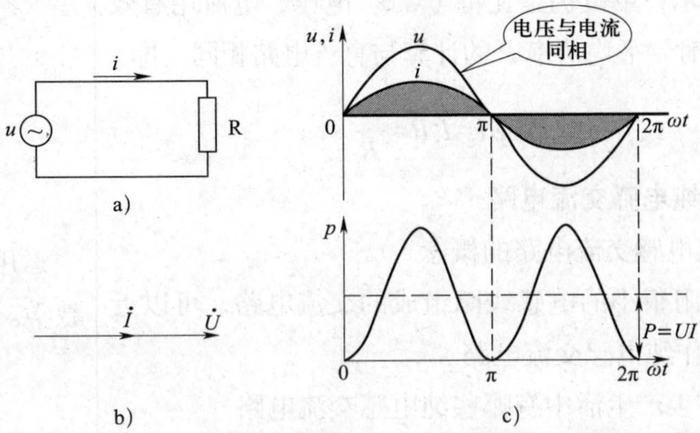 图 5-21　纯电阻交流电路 a）电路图　b）电压、电流的相量图　c）电压、电流、功率的波形图 （2）在纯电阻交流电路中，电流与电压的瞬时值、最大值和有效值都符合欧姆定律。 $i=\frac{u}{R}=\frac{U_m\sin\omega t}{R}$　$I_m=\frac{U_m}{R}$　$I=\frac{U}{R}$ 4. 功率 （1）瞬时功率 在任一瞬间，电阻中电流瞬时值与同一瞬间电阻两端电压的瞬时值的乘积，称为电阻获取的瞬时功率，用 p_R 表示，即 $p_R=ui=\frac{U_m^2}{R}\sin^2\omega t$ 瞬时功率的曲线如图 5-21c 所示。 **【例 1】**为什么说电阻是耗能元件? 观察图 5-21c 所示的功率波形图，可以发现由于电流和电压同相，p_R 在任一瞬间的数值都大于或等于零，这就说明电阻总是要消耗功率的，因此，电阻是一种耗能元件。 （2）平均功率 由于瞬时功率时刻变动且不便计算，所以通常用电阻在交流电一个周期内消耗功率的平均值来表示功率的大小，称为平均功率。平均功率又称有功功率，	运用引导分析法进行教学。 运用探究法进行教学。

<table>
<tr><th>时间分配</th><th>教学内容</th><th>教学方法</th></tr>
<tr><td>讲授新课
70 min</td><td>用 P 表示，单位仍是瓦特（W）。电压、电流用有效值表示时，平均功率 P 的计算与直流电路相同，即
$$P=UI=I^2R=\frac{U^2}{R}$$
二、纯电感交流电路
1. 纯电感交流电路的概念
由电阻很小的电感线圈组成的交流电路，可以近似地看作纯电感交流电路。
2. 在生产生活中有哪些纯电感交流电路
在日光灯的镇流器、直流电源中的滤波器、电动机启动装置、风扇调速装置、电焊机调节电流的电抗器等中都有电感元件的应用。由于绕制线圈的导线总会有电阻，所以其很难被制成纯电感元件，只有在电阻很小可忽略不计时，才将其电路视为纯电感交流电路。
3. 电流与电压的关系
如图 5-22a 所示是一个简单的纯电感交流电路。
（1）在纯电感交流电路中，电感两端的电压的相量比电流的相量超前 90°，即电流的相量比电压的相量滞后 90°。图 5-22b 和图 5-22c 分别给出了电压、电流的相量图和电压、电流、功率的波形图。 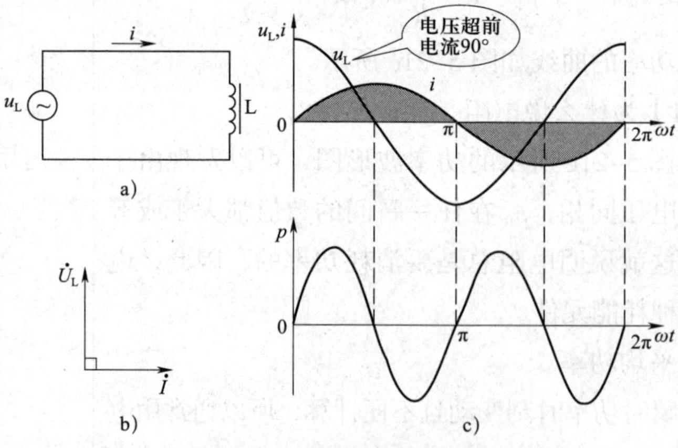
图 5-22　纯电感交流电路
a）电路图　b）电压、电流的相量图　c）电压、电流、功率的波形图</td><td>运用讲授法进行教学。

运用引导分析法进行教学。</td></tr>
</table>

时间分配	教学内容	教学方法
讲授新课 70 min	（2）电流与电压的有效值之间符合欧姆定律，即 $$I=\frac{U}{X_L}$$ 4. 功率 由图 5–22c 所示功率波形图可见，瞬时功率在一个周期内，有时为正值，有时为负值。 **【例 2】**瞬时功率为正值说明了什么？ 电感从电源吸收电能转换为磁场能储存起来。 **【例 3】**瞬时功率为负值说明了什么？ 电感将磁场能转换为电能返还给电源。 **【例 4】**电感是耗能元件吗？ 瞬时功率在一个周期内吸收的能量与释放的能量相等，即纯电感电路不消耗能量，电感是一种储能元件，电路的平均功率为零。 不同的电感与电源转换能量的多少也不同，通常用瞬时功率的最大值来反映电感与电源之间转换能量的规模，称为无功功率，用 Q_L 表示，单位是乏（Var）。其计算式为 $$Q_L=U_LI=I^2X_L=\frac{U_L^2}{X_L}$$ 电感元件有阻碍电流变化的作用，而自身又不消耗能量。 **三、纯电容交流电路** 1. 纯电容交流电路的概念 把电容器接到交流电源上，如果电容器的电阻和分布电感可以忽略不计，可以把这种电路近似地看作纯电容交流电路。 2. 电流与电压的关系 如图 5–23a 所示是一个简单的纯电容交流电路。 （1）在纯电容交流电路中，电压的相量比电流的相量滞后 90°，即电流的相量比电压的相量超前 90°。图 5–23b 和图 5–23c 分别给出了电压、电流的相量图和电压、电流、功率的波形图。	运用提问法进行教学。 运用探究法进行教学。

<table>
<tr><th>时间分配</th><th>教学内容</th><th>教学方法</th></tr>
<tr><td>讲授新课
70 min</td><td>
图 5-23　纯电容交流电路
a）电路图　b）电压、电流的相量图　c）电压、电流、功率的波形图
（2）电流与电压的有效值之间符合欧姆定律，即
$$I=\frac{U}{X_C}$$
3. 功率
【例 5】电容是耗能元件吗？
分析图 5-23c 所示功率波形图可知，电容也是一种储能元件。瞬时功率为正值，说明电容从电源吸收能量转换为电场能储存起来；瞬时功率为负值，说明电容又将电场能转换为电能返还给电源。
【例 6】电容的平均功率和无功功率如何计算？
纯电容交流电路的平均功率为零，其无功功率为
$$Q_C=U_CI=I^2X_C=\frac{U_C^2}{X_C}$$
</td><td>运用类推法进行教学。</td></tr>
<tr><td>课堂总结
10 min</td><td>
1. 电容和电感都是储能元件。
2. 单一参数交流电路的特性见表 5-4。
表 5-4
<table>
<tr><th>电路</th><th>电压与电流有效值的关系</th><th>电压与电流的相位关系</th><th>功率</th></tr>
<tr><td>纯电阻交流电路</td><td>$U=RI$</td><td>同相</td><td>$P=UI$</td></tr>
</table>
</td><td>归纳并总结本节课的知识点。</td></tr>
</table>

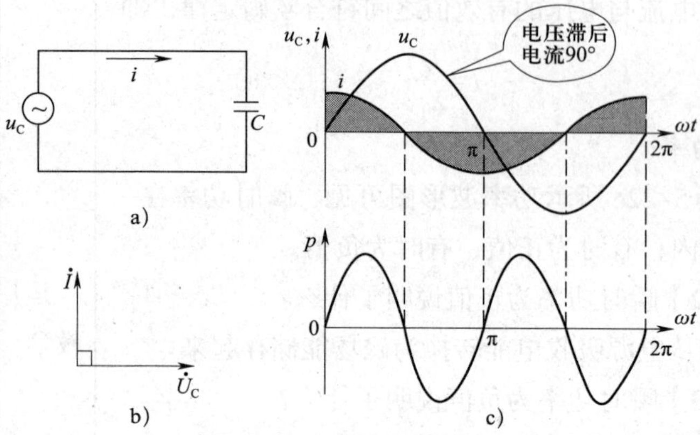

<table>
<tr><th>时间分配</th><th>教学内容</th><th>教学方法</th></tr>
<tr><td>课堂总结
10 min</td><td>续表
<table>
<tr><th>电路</th><th>电压与电流
有效值的关系</th><th>电压与电流
的相位关系</th><th>功率</th></tr>
<tr><td>纯电感
交流电路</td><td>$U=X_LI$</td><td>电压超前
电流 90°</td><td>$P=0$
$Q_L=U_LI$</td></tr>
<tr><td>纯电容
交流电路</td><td>$U=X_CI$</td><td>电压滞后
电流 90°</td><td>$P=0$
$Q_C=U_CI$</td></tr>
</table></td><td></td></tr>
<tr><td>布置作业</td><td colspan="2">习题册相关习题。</td></tr>
<tr><td>教学反思</td><td colspan="2">本节课学习的单一参数交流电路既重要又实用，在授课过程中，应根据学生实际情况，采用讲授法和自主学习法等相结合的教学模式，激发学生的学习兴趣和主动性。
绝大多数学生能理解并掌握本节课的知识点，可在课后安排适当练习以使学生进一步巩固课上所学的知识。</td></tr>
</table>

§5-4 RLC 串联电路 

授课专业		教学课时	2
授课班级		教学日期	
教学目标	通过本节课的教学，学生能够： 1. 理解交流电路中电抗、阻抗和阻抗角的概念。 2. 了解 RLC 串联电路中电压与电流之间的关系。 3. 了解 RLC 串联谐振电路的特点及其应用。		
课前准备	收音机实物。 相关教学课件。		
教学重点难点	教学重点： 1. 交流电路中电抗、阻抗和阻抗角的概念。 2. 视在功率和功率因数的概念。 教学难点： 电压三角形、阻抗三角形和功率三角形的应用。		
教学思路	在实际应用中，几乎不存在只使用单一元件的电路，大部分交流电路都可以看作是由两种或两种以上元件组成。 RL 串联电路和 RC 串联电路是 RLC 串联电路的特例，本节课主要讨论 RLC 串联电路。在讨论 RLC 串联电路的功率时，给出功率因数的概念。功率因数是说明电源设备的容量利用率和高压供电线路运行质量的一个重要指标，这里只作简单介绍，在下一节课中再进行详细讨论。		

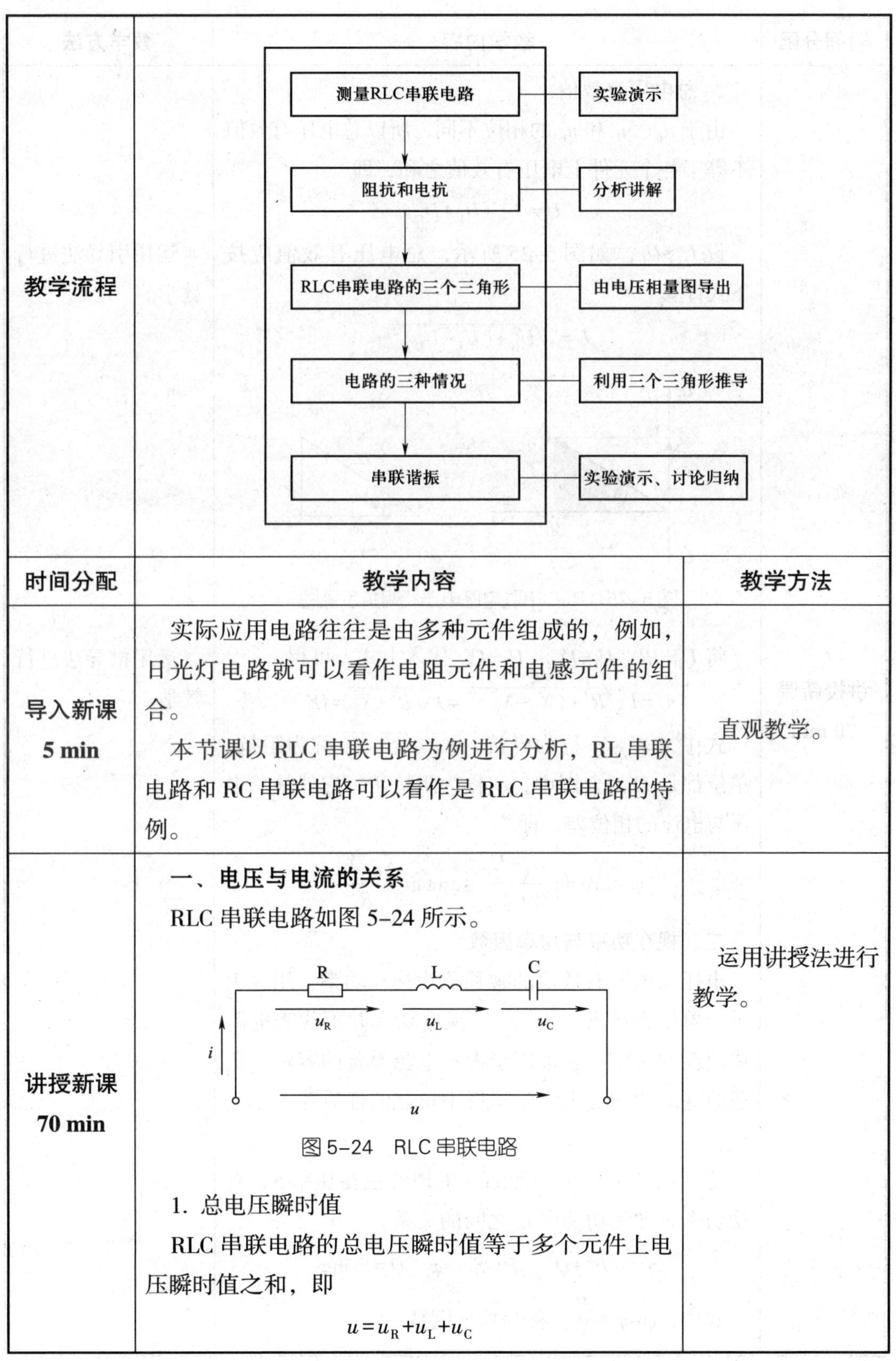

<table>
<tr><td>教学流程</td><td colspan="2">测量RLC串联电路 — 实验演示
↓
阻抗和电抗 — 分析讲解
↓
RLC串联电路的三个三角形 — 由电压相量图导出
↓
电路的三种情况 — 利用三个三角形推导
↓
串联谐振 — 实验演示、讨论归纳</td></tr>
<tr><td>时间分配</td><td>教学内容</td><td>教学方法</td></tr>
<tr><td>导入新课
5 min</td><td>实际应用电路往往是由多种元件组成的，例如，日光灯电路就可以看作电阻元件和电感元件的组合。
本节课以 RLC 串联电路为例进行分析，RL 串联电路和 RC 串联电路可以看作是 RLC 串联电路的特例。</td><td>直观教学。</td></tr>
<tr><td>讲授新课
70 min</td><td>一、电压与电流的关系
RLC 串联电路如图 5-24 所示。
R　L　C
u_R　u_L　u_C
i
u
图 5-24　RLC 串联电路
1. 总电压瞬时值
RLC 串联电路的总电压瞬时值等于多个元件上电压瞬时值之和，即
$$u=u_R+u_L+u_C$$</td><td>运用讲授法进行教学。</td></tr>
</table>

时间分配	教学内容	教学方法
讲授新课 **70 min**	2. 总电压有效值 由于 u_R、u_L 和 u_C 的相位不同，所以总电压有效值不等于各个元件上电压有效值之和，即 $U \neq U_R + U_L + U_C$ 设 $U_L > U_C$，如图 5–25 所示，总电压有效值应按下式计算 $U = \sqrt{U_R^2 + (U_L - U_C)^2}$ 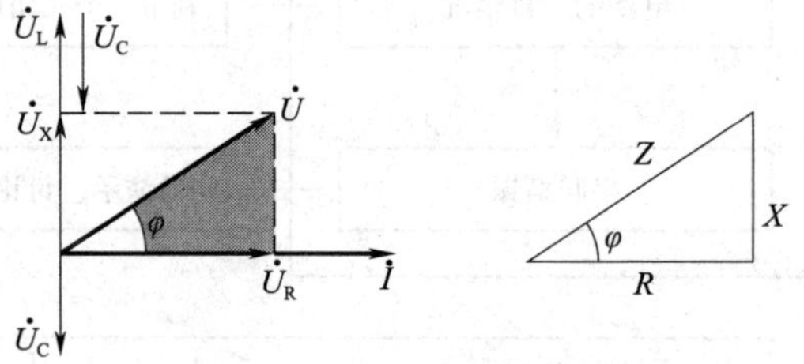 图 5–25　RLC 串联电路电压和阻抗示意图 将 $U_R = IR$、$U_L = IX_L$、$U_C = IX_C$ 代入上式，可得 $U = I\sqrt{R^2 + (X_L - X_C)^2} = I\sqrt{R^2 + X^2} = IZ$ 式中 $X = X_L - X_C$ 称为电抗，$Z = \sqrt{R^2 + X^2}$ 称为阻抗，单位都是 Ω。上图中，φ 称为阻抗角，它就是总电压与电流的相位差，即 $\varphi = \arctan\dfrac{U_L - U_C}{U_R} = \arctan\dfrac{X_L - X_C}{R}$ **二、视在功率与功率因数** 电压与电流有效值的乘积称为视在功率，用 S 表示，单位为伏安（V·A）。视在功率并不代表电路中消耗的功率，它常用于表示电源设备的容量。负载消耗的功率要视实际运行中负载的性质和大小而定。 可利用功率三角形帮助学生理解视在功率 S、有功功率 P 和无功功率 Q 之间的关系。 $S = \sqrt{P^2 + Q^2}$　$P = S\cos\varphi$　$Q = S\sin\varphi$ 式中，$\cos\varphi = \dfrac{P}{S}$，称为功率因数。	运用引导法进行教学。 运用推导法进行教学。

时间分配	教学内容	教学方法
讲授新课 70 min	**三、电压三角形、阻抗三角形和功率三角形** 如图 5–26 所示，首先由电压相量图演变出电压三角形，由于我们只讨论图中相量的数值关系，所以不用再将三角形的边画成相量。将电压三角形各边同除以 I，便可推出阻抗三角形；将电压三角形各边同乘以 I，便可推出功率三角形。同一电路的电压三角形、阻抗三角形和功率三角形是三个相似的直角三角形。 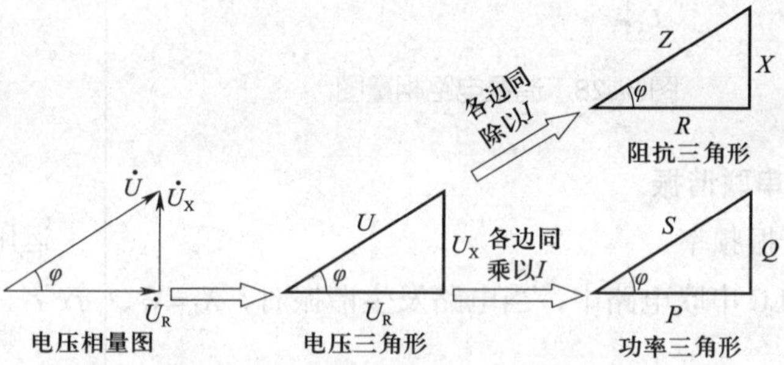 图 5–26　RLC 串联电路的三个三角形 **四、电路的电感性、电容性和谐振** 在 RLC 串联电路中，由于 R、L、C 参数和电源频率 f 的不同，电路可能出现以下三种情况。 1. 电感性电路 当 $X_L>X_C$ 时，$U_L>U_C$，阻抗角 $\varphi>0$，电路呈电感性，电压超前电流 φ。 2. 电容性电路 当 $X_L<X_C$ 时，$U_L<U_C$，阻抗角 $\varphi<0$，电路呈电容性，电压滞后电流 φ，其相量图如图 5–27 所示。 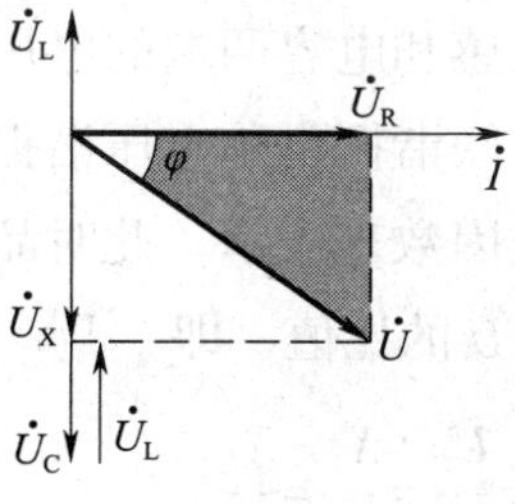 图 5–27　电容性电路相量图	运用图示法进行教学。 运用对比法进行教学。

时间分配	教学内容	教学方法
讲授新课 **70 min**	3. 谐振电路 当 $X_L=X_C$ 时，$U_L=U_C$，阻抗角 $\varphi=0$，电路呈电阻性，且总阻抗最小，电压和电流同相，其相量图如图 5-28 所示。电路的这种状态称为串联谐振。 图 5-28　谐振电路相量图 **五、串联谐振** 1. 谐振频率 在 RLC 串联电路中，当电路发生谐振时，$X_L=X_C$，即 $$2\pi f_0 L=\frac{1}{2\pi f_0 C}$$ 由上式可得 $$f_0=\frac{1}{2\pi\sqrt{LC}}$$ f_0 称为谐振频率。 当电路发生谐振时，$X_L=X_C$，$U_L=U_C$，$Q_L=I^2X_L$，$Q_C=-I^2X_C$，$Q_L=-Q_C$，电感和电容的无功功率恰好相互补偿，电源只提供电阻消耗的有功功率即 $P=I^2R$，电容与电感之间进行电场能与磁场能的交换。 2. 品质因数 电路串联谐振时，电感和电容两端的电压有可能大于电源电压，因此串联谐振也称电压谐振。串联谐振的特性可以用品质因数来表示，此时品质因数 Q 等于 U_L 或 U_C 与电压 U 的比值，即 $$Q=\frac{U_L}{U}=\frac{U_C}{U}=\frac{X_L}{R}=\frac{X_C}{R}$$	运用讲授法进行教学。

时间分配	教学内容	教学方法
	Q 值越大，表明串联谐振时电感和电容两端的电压越高，甚至会远远大于电源电压。在电力系统中，这种高电压有时会把电容器和线圈的绝缘材料击穿，造成设备的损坏，因此绝不允许这种情况发生，必须设法避免。 3. 应用	
讲授新课 **70 min**	在电子技术中，由于外来信号微弱，常常利用串联谐振来获得一个与电压频率相同但大很多倍的电压，这就是串联谐振的选频作用。Q 值越大，选频作用越好，如图 5-29 所示为串联电路的谐振曲线。 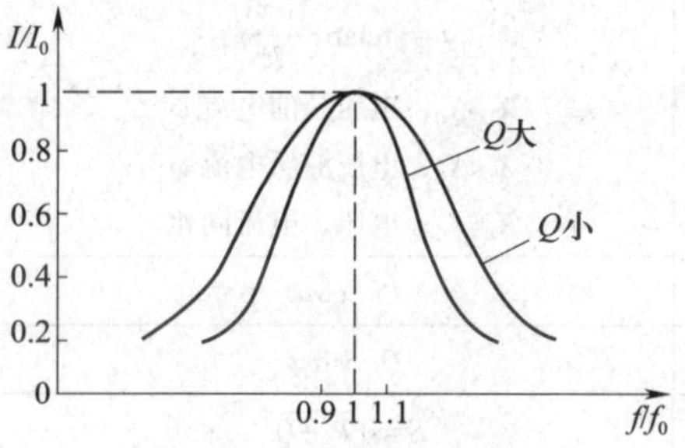 图 5-29　串联电路的谐振曲线	运用探究法进行教学。
	在无线电技术中，常利用谐振电路从众多的电磁波中选出我们所需要的信号，这一过程称为调谐。如图 5-30 所示为收音机的调谐电路。当各种不同频率的电磁波在天线上产生感应电流时，电流经过线圈 L1 感应到线圈 L2。如果我们想收听的电台频率为 700 kHz，只要调节 C，使 L2C 串联谐振频率也等于 700 kHz，这时在 L2C 回路中该频率信号的电流最大，在电容器两端该频率信号的电压也最大，于是，我们便能收听到 700 kHz 这个电台的信号。而其他各种频率的信号，由于没有发生谐振，在回路中的电流很小，就被抑制了。	运用实验演示法进行教学。

<table>
<tr><th>时间分配</th><th>教学内容</th><th>教学方法</th></tr>
<tr><td>讲授新课
70 min</td><td> 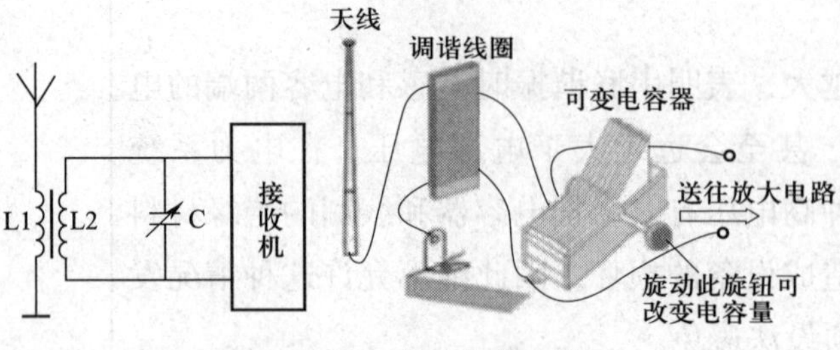图 5–30　收音机的调谐</td><td></td></tr>
<tr><td>课堂总结
10 min</td><td>为了巩固所讲知识，可布置任务让学生完成表 5–5。
表 5–5
<table>
<tr><td colspan="2"></td><td>RLC 串联电路</td></tr>
<tr><td colspan="2">阻抗</td><td>$Z=\sqrt{R^2+X^2}$</td></tr>
<tr><td rowspan="2">电压与电流的关系</td><td>大小</td><td>$I=\frac{U}{Z}$</td></tr>
<tr><td>相位差</td><td>$\varphi=\arctan\frac{X_L-X_C}{R}$
$X_L>X_C$，电压超前电流 φ
$X_L<X_C$，电压滞后电流 φ
$X_L=X_C$，电压、电流同相</td></tr>
<tr><td colspan="2">有功功率</td><td>$P=S\cos\varphi$</td></tr>
<tr><td colspan="2">无功功率</td><td>$Q=S\sin\varphi$</td></tr>
<tr><td colspan="2">视在功率</td><td>$S=\sqrt{P^2+Q^2}$</td></tr>
</table>
</td><td>归纳并总结本节课的知识点。</td></tr>
<tr><td>布置作业</td><td colspan="2">习题册相关习题。</td></tr>
<tr><td>教学反思</td><td colspan="2">本节课以学生为主体，以教师为主导，注重启发学生的思维、激发学生学习的主动性。应创造轻松和谐的教学氛围，借助多媒体演示，加强教学的直观性和形象性，使学生掌握科学的思维方法，提升理解和识记能力，并运用已知探求新知，从而加强独立获取知识的能力。但在教学方法上受客观条件的限制，仍没有较好的创新方法来调动学生的积极性。</td></tr>
</table>

§5-5 RLC并联电路

授课专业		教学课时	2
授课班级		教学日期	
教学目标	通过本节课的教学，学生能够： 1. 了解 RLC 并联电路中电压与电流之间的相位关系和数量关系。 2. 了解 RLC 并联谐振电路的特点和应用。 3. 理解感性负载并联电容提高功率因数的原理。		
课前准备	相关教学课件。		
教学重点难点	教学重点： 利用 RLC 并联电路相量图分析电压与电流的关系。 教学难点： 采用并联电容器的方法提高电感性电路功率因数的原理。		
教学思路	在电工技术中，常用并联电容器的方法来提高电感性电路的功率因数，这样就构成了 RLC 并联电路。 本节课的教学难度较大，要采用与讲解 RLC 串联电路相似的方法，充分利用相量图来分析电压与电流的关系，以及并联谐振的特性。同时应将 RLC 并联电路与 RLC 串联电路进行对比分析。 提高功率因数的方法一般有两种，即提高用电设备自身的功率因数和并联电容器补偿，教材中主要讲解了并联电容器补偿的方法。可组织学生参观配电房，结合实物讲解，以增强学生对本节课内容的感性认识。		

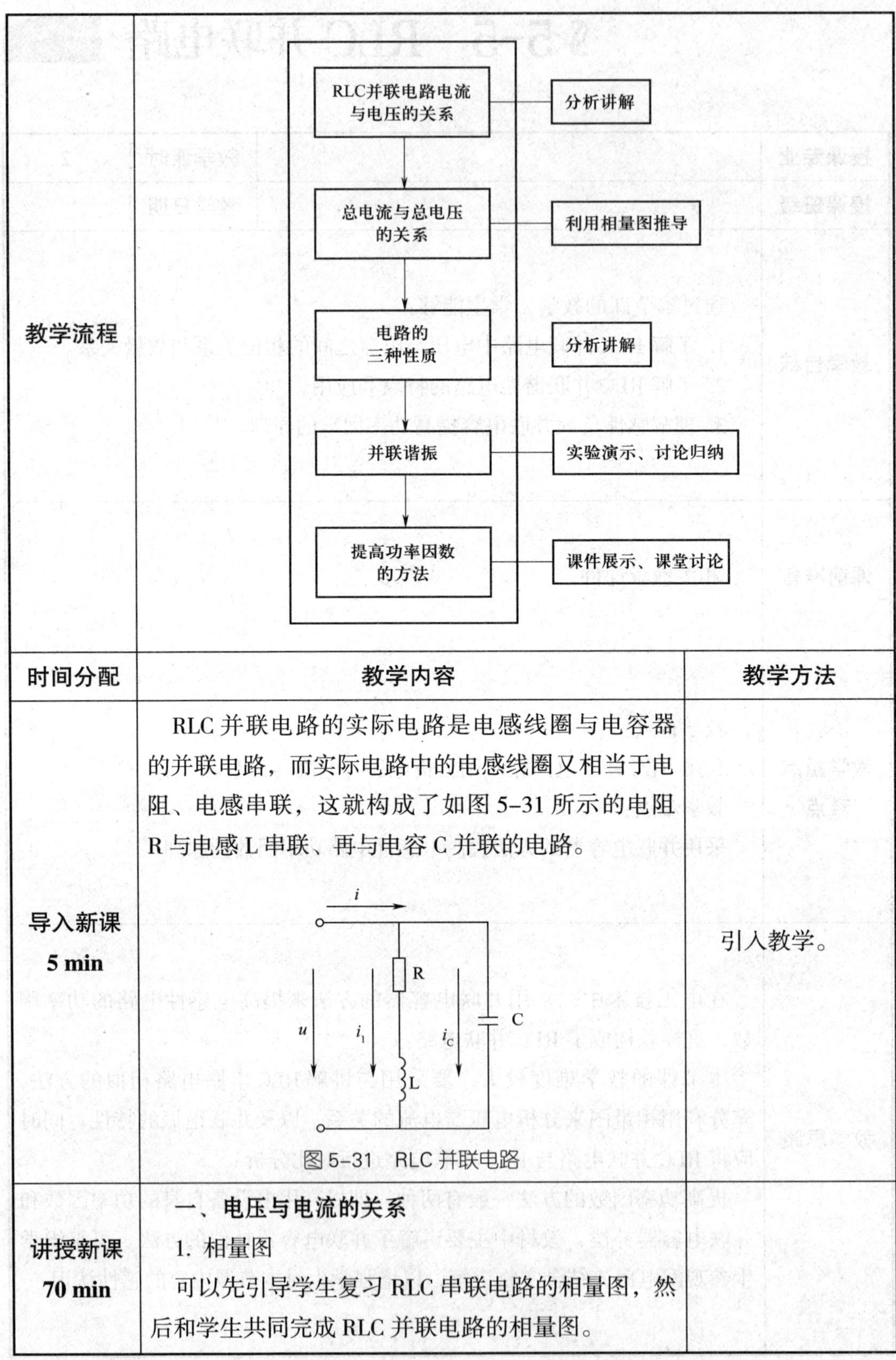

教学流程	RLC并联电路电流与电压的关系 — 分析讲解 总电流与总电压的关系 — 利用相量图推导 电路的三种性质 — 分析讲解 并联谐振 — 实验演示、讨论归纳 提高功率因数的方法 — 课件展示、课堂讨论	
时间分配	教学内容	教学方法
导入新课 **5 min**	RLC 并联电路的实际电路是电感线圈与电容器的并联电路，而实际电路中的电感线圈又相当于电阻、电感串联，这就构成了如图 5–31 所示的电阻 R 与电感 L 串联、再与电容 C 并联的电路。 图 5–31 RLC 并联电路	引入教学。
讲授新课 **70 min**	**一、电压与电流的关系** 1. 相量图 可以先引导学生复习 RLC 串联电路的相量图，然后和学生共同完成 RLC 并联电路的相量图。	

时间分配	教学内容	教学方法
讲授新课 70 min	如图 5-31 所示，设在电路两端加一正弦电压 u，那么在两并联支路中就会产生同频率的正弦电流 i_1 和 i_C。如果各支路的参数 R、X_L、X_C 已知，则各支路的电流的大小及与电压的相位差可根据前面讲过的分析方法求出。 第一支路（电阻、电感串联支路）电流 i_1 的有效值为 $I_1=\frac{U}{Z_1}=\frac{U}{\sqrt{R^2+X_L^2}}$ i_1 滞后于 u 的相位角为 $\varphi_1=\arctan\frac{X_L}{R}$ 第二支路（电容支路）电流 i_C 的有效值为 $I_C=\frac{U}{Z_2}=\frac{U}{X_C}$ i_C 超前于电压 u 的相位角为 $\varphi_C=90°$ 电路总电流与两分支电流的关系为 $i=i_1+i_C$ 电流的相量关系如图 5-32 所示。根据 i_1 与 i_C 的大小、相位不同，电路可能呈现电感性、电容性或电阻性三种不同的性质。 图 5-32 RLC 并联电路相量图 a）电感性 b）电容性 c）电阻性 根据相量图可以计算出，无论哪种情况，都有	运用分析推导法进行教学。 运用相量图分析法进行教学。

<table>
<tr><th>时间分配</th><th>教学内容</th><th>教学方法</th></tr>
<tr><td>讲授新课
70 min</td><td>$$I=\sqrt{(I_1\cos\varphi_1)^2+(I_1\sin\varphi_1-I_C)^2}$$
总电流滞后电压的相位差为
$$\varphi=\arctan\frac{I_1\sin\varphi_1-I_C}{I_1\cos\varphi_1}$$
2. 电路的三种性质
由以上分析可以看出，电路的性质与 $I_1\sin\varphi_1-I_C$ 的大小有关。
（1）电感性电路
当 $I_1\sin\varphi_1-I_C>0$ 时，总电压超前总电流，如图 5-32a 所示，φ 为正值，电路呈电感性。
（2）电容性电路
当 $I_1\sin\varphi_1-I_C<0$ 时，总电压滞后总电流，如图 5-32b 所示，φ 为负值，电路呈电容性。
（3）谐振电路
当 $I_1\sin\varphi_1-I_C=0$ 时，总电压和总电流同相位，如图 5-32c 所示，φ 为零，整个电路呈电阻性，总电流等于 $I_1\cos\varphi_1$，这种情况称为电路发生并联谐振。
二、并联谐振
1. 并联谐振的频率
分析如图 5-32c 所示的相量图：
$$I_1\sin\varphi_1=I_C$$
$$I_1\sin\varphi_1=\frac{U}{Z_1}\cdot\frac{X_L}{Z_1}=U\frac{X_L}{Z_1^2}=U\frac{\omega L}{R^2+(\omega L)^2}$$
$$I_C=\frac{U}{X_C}=U\omega C$$
谐振时
$$\frac{\omega_0 L}{R^2+(\omega_0 L)^2}=\omega_0 C$$
化简得
$$(\omega_0 L)^2=\frac{L}{C}-R^2$$
一般情况下，$\frac{L}{C}>>R^2$，则谐振角频率近似为</td><td>运用引导分析法进行教学。

运用公式推导法进行教学。</td></tr>
</table>

<table>
<tr><th>时间分配</th><th>教学内容</th><th>教学方法</th></tr>
<tr><td>讲授新课
70 min</td><td>$$\omega_0 \approx \frac{1}{\sqrt{LC}}$$
谐振频率近似为
$$f_0 \approx \frac{1}{2\pi\sqrt{LC}}$$
2. 并联谐振的特点
（1）电路的总阻抗最大，总电流最小
分析图 5–32c 所示的相量图可知，谐振时的总电流为
$$I_0 = I_1\cos\varphi_1 = \frac{U}{\sqrt{R^2+X_L^2}} \cdot \frac{R}{\sqrt{R^2+X_L^2}} = U\frac{R}{R^2+X_L^2}$$
此时电路的总电流最小，电路的总阻抗最大，为
$$Z_0 = \frac{U}{I_0} = \frac{R^2+X_L^2}{R}$$
（2）谐振时两支路可能产生过电流
由图 5–32c 可以看出，由于 φ_1 不同，并联谐振时，两条支路的电流可能会比总电流大许多倍，所以，并联谐振也称电流谐振。
由于
$$\varphi_1 = \arctan\frac{X_L}{R}, \quad Q = \frac{X_L}{R}$$
则 $Q=\tan\varphi_1$，因此这个特性通常也用品质因数来描述。
3. 并联谐振的应用
并联谐振电路主要用来构造选频器或振荡器等，广泛用于电子设备中。收音机、电视机中的中频变压器就是由并联谐振电路构成的。
如图 5–33 所示为用并联谐振选择信号的原理图。
当电路对电源某一频率谐振时，谐振回路呈现很大的阻抗，因而电路中的电流很小。这样内阻上的压降也很小，于是在 A、B 两端就得到一个高电压输出。而对于其他频率，电路不发生谐振，阻抗较</td><td>运用相量图分析法进行教学。

运用类比法进行教学。</td></tr>
</table>

<table>
<tr><th>时间分配</th><th>教学内容</th><th>教学方法</th></tr>
<tr><td>讲授新课
70 min</td><td> 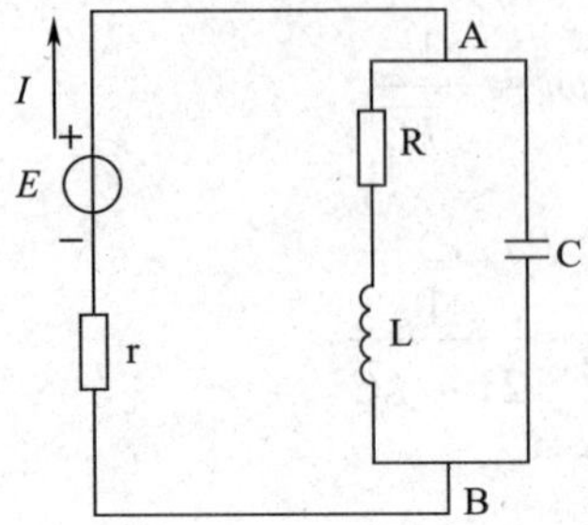图 5-33　并联谐振的应用
小，电流就较大，在内阻上的压降也较大，致使这些不被需要的频率信号在 A、B 之间形成的电压很低。这样便起到了选择信号的作用。
三、提高功率因数
1. 提高功率因数的意义
功率因数是高压供电线路的运行指标之一，它反映了电源设备的容量利用率。
功率因数可以用功率因数表测量，如图 5-34 所示。 
图 5-34　功率因数表
功率因数越大，负载消耗的有功功率越多，同时与电源交换的无功功率越小。如电灯、电炉的功率因数近似为 1，说明它们基本只消耗有功功率；异步电动机功率因数为 0.7 ~ 0.9，说明它们工作时需要一定量的无功功率。功率因数越低，该电源设备所发出的有功功率越小，电源设备利用率越低。
当负载有功功率和电源电压一定时，功率因数越低，线路上的功率损耗也越大。为了减少电能损耗、改善供电质量，就必须提高功率因数。</td><td>运用引导分析法进行教学。

运用讲授法进行教学。</td></tr>
</table>

时间分配	教学内容	教学方法
讲授新课 **70 min**	2. 提高功率因数的方法 （1）提高用电设备自身的功率因数 异步电动机和变压器是占用无功功率最多的电气设备，当电动机实际负荷比其额定容量低许多时，功率因数将急剧下降，造成电能的浪费。要提高功率因数就要合理选用电动机，并尽量避免电动机空转或长时间处于轻载运行状态。 （2）并接电容器补偿 提高功率因数常采用在感性负载两端并联电容器的方法。 注意讲清以下几点： 如图 5-35 所示，若仅有 RL 支路，则其功率因数为 $\cos\varphi_1$；而并联电容支路后，电路的功率因数为 $\cos\varphi$，大于原功率因数 $\cos\varphi_1$。 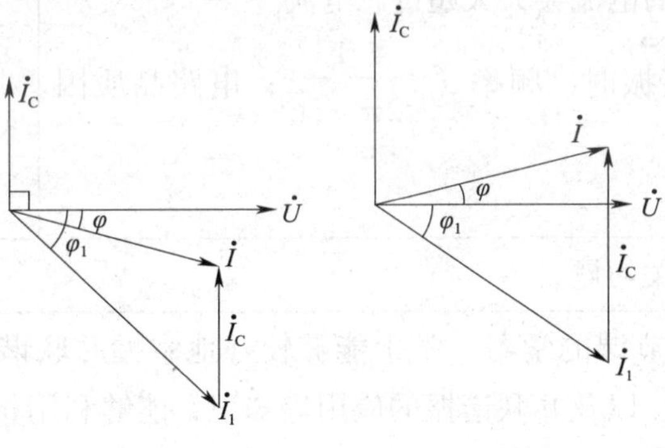 a）　　b） 图 5-35　RLC 并联电路相量图 a）电感性　b）电容性 在实际生产中，改善功率因数最常用的方法就是在感性负载两端并接补偿电容。图 5-36 所示为低压配电柜中的电容器组。类似图 5-35a 所示的情况，补偿后电路仍为电感性，称为欠补偿；类似图 5-35b 所示的情况，补偿后电路已呈电容性，称为过补偿。	运用分析归纳法进行教学。 运用讨论法进行教学。 运用相量图分析法进行教学。

时间分配	教学内容	教学方法
讲授新课 70 min	图 5–36 低压配电柜中的电容器组	运用视频演示法进行教学。
课堂总结 10 min	1. 在 RLC 并联电路中，当电感线圈支路与电容支路的电流关系为 $I_1\sin\varphi_1=I_C$ 时，电路总电流与总电压同相，电路呈电阻性，称为并联谐振，又称电流谐振。 2. 并联谐振时总阻抗最大，总电流最小，但电感或电容支路的电流会大大超过总电流。 3. 并联谐振时，频率 $f\approx\frac{1}{2\pi\sqrt{LC}}$；电路品质因数 $Q=\frac{X_L}{R}$。	归纳并总结本节课的知识点。
布置作业	习题册相关习题。	
教学反思	通过对本节课的学习，学生能够较好地掌握并联谐振的频率、并联谐振的特点，以及并联谐振的应用等知识，能够利用相量图对并联谐振电路进行分析计算，提高理解分析能力。但有些学生对于前面学过的知识，不能很好地进行迁移，要在接下来的学习中加强知识的巩固。	

第六章 三相交流电路

§6-1 三相交流电源

授课专业		教学课时	2
授课班级		教学日期	
教学目标	通过本节课的教学，学生能够： 1. 了解三相交流电的产生和特点。 2. 掌握三相电源绕组星形连接时线电压和相电压的关系。 3. 了解三相四线制、三相五线制和三相三线制供电方式。		
课前准备	三相交流发电机模型，单相三孔插座，红、黄、绿、黄绿相间色导线，小型实验电动机。 相关教学课件。		
教学重点难点	教学重点： 1. 三相交流电的特点和表示方法。 2. 三相交流电的供电方式。 教学难点： 三相交流电动势的产生原理。		
教学思路	本节课应以学生生活中见过的电力供电线路引入三相交流电，并以此为线索展开课堂讨论，让学生就三相交流电的应用进行举例。 在介绍三相交流电的优点时，尽可能联系实际的电力供电线路和三相异步电动机，让学生通过已有的生活经验来加深理解。		

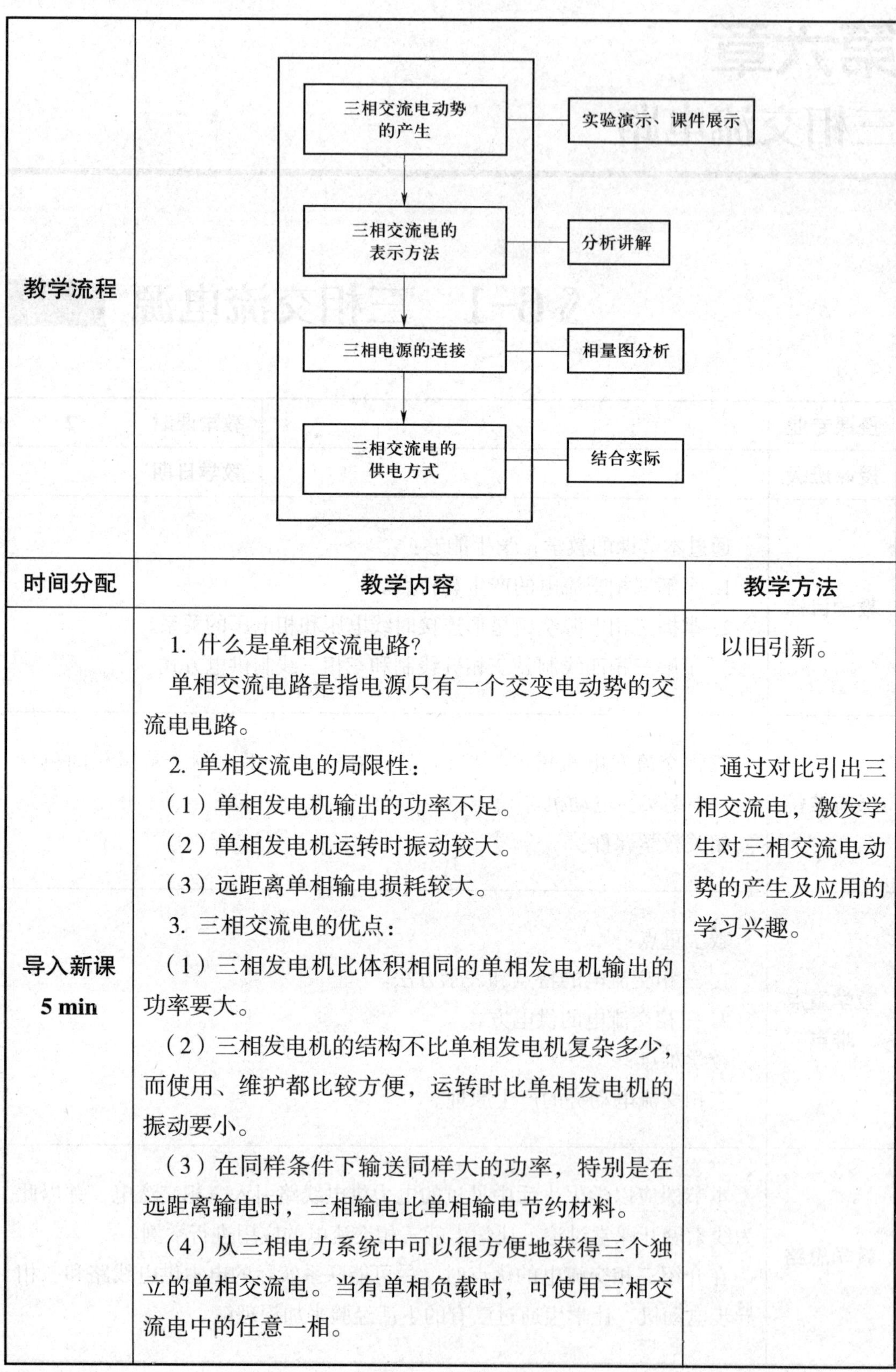

教学流程	三相交流电动势的产生 → 实验演示、课件展示 三相交流电的表示方法 → 分析讲解 三相电源的连接 → 相量图分析 三相交流电的供电方式 → 结合实际	
时间分配	教学内容	教学方法
导入新课 5 min	1. 什么是单相交流电路? 单相交流电路是指电源只有一个交变电动势的交流电电路。 2. 单相交流电的局限性: (1)单相发电机输出的功率不足。 (2)单相发电机运转时振动较大。 (3)远距离单相输电损耗较大。 3. 三相交流电的优点: (1)三相发电机比体积相同的单相发电机输出的功率要大。 (2)三相发电机的结构不比单相发电机复杂多少,而使用、维护都比较方便,运转时比单相发电机的振动要小。 (3)在同样条件下输送同样大的功率,特别是在远距离输电时,三相输电比单相输电节约材料。 (4)从三相电力系统中可以很方便地获得三个独立的单相交流电。当有单相负载时,可使用三相交流电中的任意一相。	以旧引新。 通过对比引出三相交流电,激发学生对三相交流电动势的产生及应用的学习兴趣。

时间分配	教学内容	教学方法
讲授新课 70 min	**一、三相交流电动势的产生** 三相交流电动势是由三相交流发电机产生的。 1. 三相交流发电机的结构 如图 6–1 所示为三相交流发电机及其绕组示意图。三相交流发电机主要由定子和转子组成。 图 6–1　三相交流发电机及其绕组 a）三相交流发电机示意图　b）电枢绕组　c）三相绕组及其电动势 转子是电磁铁，其磁极表面的磁场按正弦规律分布。 定子的铁芯中嵌放三个在尺寸、匝数和绕法上完全相同的线圈绕组，三相绕组分别称为 U 相、V 相、W 相，其始端分别用 U1、V1、W1 表示，末端用 U2、V2、W2 表示，发电机的三根引出线及配电站的三根电源线分别以黄（U）、绿（V）、红（W）三种颜色作为标志。三个绕组在空间位置上彼此相隔 120°。 2. 原理 当三相交流发电机的转子在外力带动下以角速度 ω 做逆时针匀速转动时，三相定子绕组依次切割磁感线，产生三个对称的正弦交流电动势。 3. 三相对称交流电动势的表示 （1）解析式： $\begin{cases} e_U = E_m \sin(\omega t + 0°) \\ e_V = E_m \sin(\omega t - 120°) \\ e_W = E_m \sin(\omega t + 120°) \end{cases}$	先从三相交流发电机的结构入手，逐步剖析三相交流电动势产生的原理，并讲解三相绕组的表示方式。 运用演示法、讲解法进行教学。 结合课件向学生讲解三相交流电动势的三种表示方法。

<table>
<tr><th>时间分配</th><th>教学内容</th><th>教学方法</th></tr>
<tr><td></td><td>（2）波形图（图 6–2）： 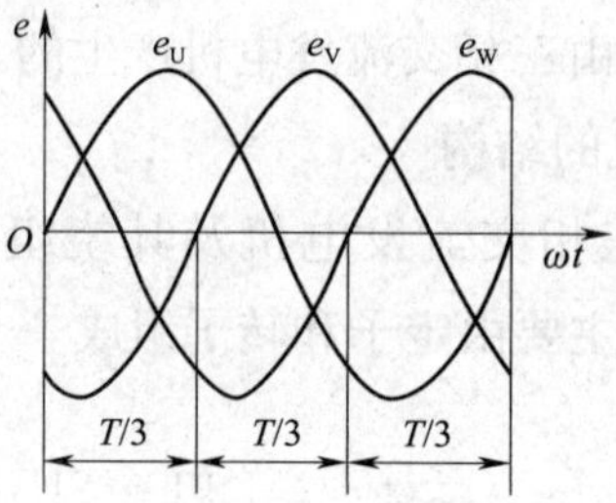
图 6–2　三相对称交流电动势波形图
（3）相量图（图 6–3）： 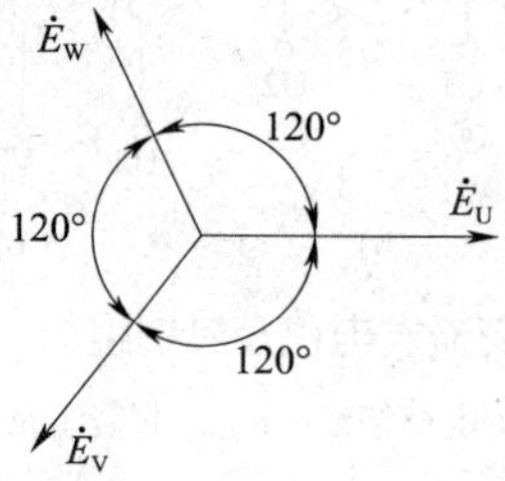
图 6–3　三相对称交流电动势相量图</td><td>运用自主学习法、总结归纳法进行教学。</td></tr>
<tr><td>讲授新课
70 min</td><td>4. 相序的相关概念
相序：三相对称交流电动势到达最大值的先后次序称为相序。
正序：按 U → V → W → U 的次序循环称为正序。
负序：按 U → W → V → U 的次序循环称为负序。
【例 1】判断相序
V → W → U → V（　　）　W → V → U → W（　　）
【例 2】演示实验
取小型实验电动机，按图 6–4 所示的两种方式接线，启动电动机并观察它的旋转方向。 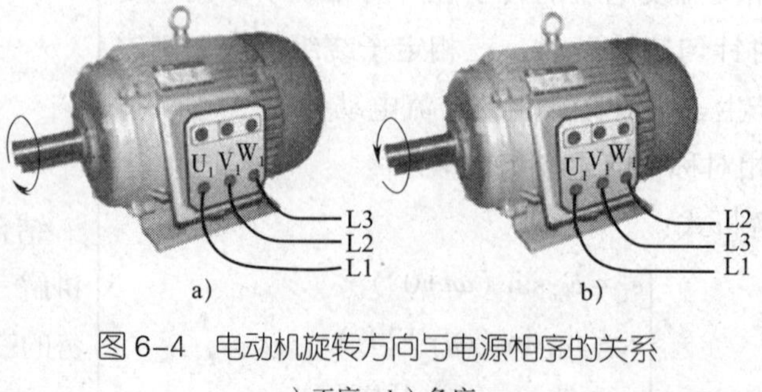
图 6–4　电动机旋转方向与电源相序的关系
a）正序　b）负序</td><td>引导学生观察不同相序与三相异步电动机旋转方向的关系，加深学生对相序的相关概念的理解。
让学生分组进行讨论，并巡回指导。</td></tr>
</table>

时间分配	教学内容	教学方法
讲授新课 70 min	【例 3】思考 根据三相对称交流电动势的相量图判断$\dot{E}_U+\dot{E}_V+\dot{E}_W$的值。 **二、三相四线制供电** 将三相交流发电机中三相绕组的末端 U2、V2、W2 连接在一起，形成一个公共点，始端 U1、V1、W1 引出作输出线，这种连接方式称为星形连接，用“Y”表示。 1. 三相电源的星形连接 从三相交流发电机的三个线圈始端 U1、V1、W1 引出的三根线称为相线或端线（俗称火线），用 L1、L2、L3 表示，并分别用黄、绿、红三种颜色作为标志。 三个线圈的末端连接在一起，形成一个公共点，称为中性点，简称中点，用 N 表示；从中性点引出的输电线称为中性线，简称中线。中线通常与大地相接，接地的中性点称为零点，接地的中性线称为零线。工程上，零线或中线所用导线一般用蓝色或黑色表示。 有时为了简便，会不画发电机的线圈连接方式，只画四根输电线以表示相序，如图 6–5 所示。 L1 L2 L3 N 图 6–5　相序的简化表示 采用三根相线和一根中线的输电方式称为三相四线制；目前在低压供电系统中多数采用三相四线制供电。 2. 线电压与相电压 线电压：相线与相线之间的电压，分别用 $\dot{U}_{UV}$、$\dot{U}_{VW}$、$\dot{U}_{WU}$ 表示，规定线电压的参考方向是自 U 相指向 V 相、V 相指向 W 相、W 相指向 U 相。	让学生通过讨论思考题，加深对三相交流电动势的理解，并顺势将学生的思路引入下面的内容——三相四线制供电。 重点讲清中线、相线、相电压和线电压等概念。

时间分配	教学内容	教学方法
讲授新课 **70 min**	相电压：相线与中性点之间的电压，分别用 $\dot{U}_U$、$\dot{U}_V$、$\dot{U}_W$ 表示，规定相电压的参考方向为始端指向末端。 作出 $\dot{U}_U$、$\dot{U}_V$、$\dot{U}_W$ 的相量图，可得线电压与相电压之间的关系为 $\dot{U}_{UV}=\dot{U}_U-\dot{U}_V \quad \dot{U}_{VW}=\dot{U}_V-\dot{U}_W \quad \dot{U}_{WU}=\dot{U}_W-\dot{U}_U$ 又因为 $\dot{U}_{UV}=\dot{U}_U-\dot{U}_V=\dot{U}_U+(-\dot{U}_V)$，在图中作出 $-\dot{U}_V$，利用几何方法可以求出三个线电压，它们也是对称三相电压，其有效值为 $U_L=\sqrt{3}U_P$ 式中，U_L 表示线电压，U_P 表示相电压。 从图 6–6 可以看出，线电压总是超前于对应的相电压 30°。 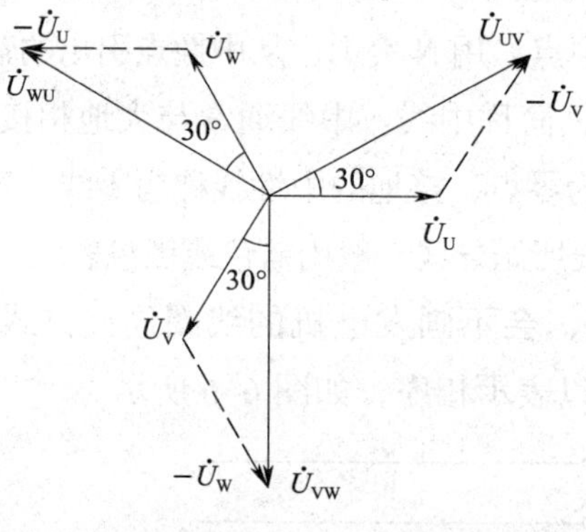 图 6–6　三相四线制线电压与相电压的相量图 **【例 4】**指导学生用万用表从电工实训台，或从配电箱、配电屏测量三相电源的线电压和相电压。 三个相电压只有在其对称时和为零，而线电压无论其对称与否和均为零。即 $\dot{U}_{UV}+\dot{U}_{VW}+\dot{U}_{WU}=0$ **三、三相五线制供电** 三相五线制是在三相四线制的基础上，另增加一根专用保护线，称为保护零线（也称接地线）与接地网相连，从而更好地起到保护作用，如图 6–7 所	向学生简要说明用相量图推导的过程。 通过实际演示测量来加深学生的印象。

时间分配	教学内容	教学方法
	示。保护零线一般用黄绿相间色作为标志，用PE表示。相应地，原三相四线制中的零线一般称为工作零线。 图6-7 三相五线制供电	
讲授新课 70 min	日常工作、生活中使用的单相交流电都是由三相五线制得来的。其中，取三条相线中的一条为相线，同时保留工作零线和保护零线。 如图6-8所示为三相五线制供电系统示意图。 图6-8 三相五线制供电系统示意图 按照规范，单相三孔插座的接线必须遵循“左零（N）右相（L）上接地（PE）”的原则，单相两孔插座不接保护零线，遵循“左零（N）右相（L）”的原则，如图6-9所示。	说明三相五线制供电的用途，引导学生讨论其具体的连接方法。
	四、三相三线制供电 三相三线制就是三相电源星形连接时，中线不引出，由三根相线对外供电，如图6-10所示。三相三	说明三相三线制的连接方法及其应用场合。

时间分配	教学内容	教学方法
讲授新课 70 min	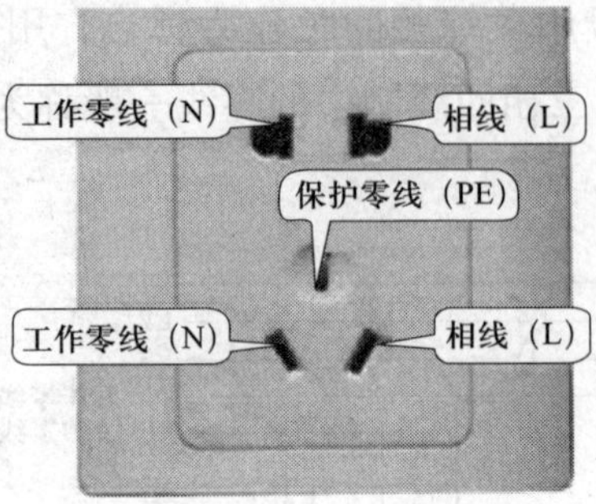 图 6-9　单相插座 线制供电只能向三相用电器供电，提供线电压，不能向单相用电器供电，其主要用于高压供电线路和低压动力线路。 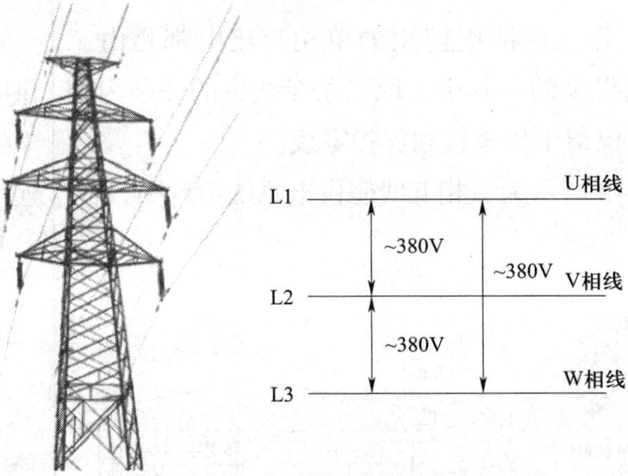 图 6-10　三相三线制供电 【例 5】对于一般三相交流发电机的三个线圈中的电动势，说法正确的是（　　）。 A. 它们的最大值不同 B. 它们同时达到最大值 C. 它们的周期不同 D. 它们达到最大值的时间依次落后 1/3 周期 【例 6】有一台三相交流发电机，绕组接成星形，每相电压为 220 V，接好后用电压表测量，发现三个相电压都是 220 V，但线电压 $U_{UV}=U_{VW}=220$ V，$U_{WU}=380$ V，分析该绕组星形连接可能何处接错。	实物演示单相插座的接线方法，让学生将理论知识与实践相结合。 提问，让学生小组讨论并抢答。

时间分配	教学内容	教学方法
课堂总结 10 min	1. 三相交流发电机的构成：由定子和转子构成。 2. 三相交流发电机的工作原理：当转子在外力带动下以角速度 ω 做逆时针匀速转动时，三相定子绕组依次切割磁感线，产生三个对称的正弦交流电动势。三个正弦交流电动势的最大值相等，频率相同，相位相差 120°。 3. 三相四线制供电的线电压与相电压的关系：线电压总是超前于对应的相电压 30°。它们有效值的关系为 $U_L = \sqrt{3}U_P$。 4. 三相五线制供电设有专用的保护零线，接线方便、安全可靠。	归纳并总结本节课的知识点。
布置作业	习题册相关习题。	
教学反思	本节课对三相交流电动势的产生、三相交流电的表示方法、三相四线制、三相五线制的接法等知识点都采用了多媒体动画和图片展示的方法进行教学，形象直观，使课堂活泼、互动频繁。但因为学生的理论基础、学习能力参差不齐，学习效果不一，在以后的课堂中要加强对学习能力较弱学生的辅导力度。	

§6-2　三相负载的连接方式

<table>
<tr><td>授课专业</td><td></td><td>教学课时</td><td>2</td></tr>
<tr><td>授课班级</td><td></td><td>教学日期</td><td></td></tr>
<tr><td>教学目标</td><td colspan="3">通过本节课的教学，学生能够：
1. 了解对称三相负载与不对称三相负载的概念。
2. 了解三相负载做星形连接和三角形连接时，负载相电压与线电压、相电流与线电流的关系。
3. 理解中线的作用。</td></tr>
<tr><td>课前准备</td><td colspan="3">相关教学课件。</td></tr>
<tr><td>教学重点难点</td><td colspan="3">教学重点：
三相负载做星形连接和三角形连接的方法。
教学难点：
1. 三相负载做星形连接和三角形连接的相关计算。
2. 中线的作用及中线电流的计算。</td></tr>
<tr><td>教学思路</td><td colspan="3">因为三相异步电动机是工厂、企业使用较多的三相负载，所以可以以此为例引入新课；也可以先复习三相交流电源的连接方式，然后再讨论三相负载的连接方式。为了便于观察，在实验中可采用灯泡作为负载。在教学中要紧密结合实验电路，讲解电路的连接方法和特点。
在讨论三相负载的功率问题时，应提醒学生注意其计算方法与单相电路功率的计算方法的联系和区别。</td></tr>
<tr><td>教学流程</td><td colspan="3">三相负载的星形连接 — 相量图分析
↓
三相负载的三角形连接 — 相量图分析
↓
三相负载的功率 — 分析讲解</td></tr>
</table>

时间分配	教学内容	教学方法
导入新课 5 min	1. 三相交流电动势是如何产生的？ 三相交流发电机的转子在外力带动下以角速度 ω 做逆时针匀速转动时，三相定子绕组依次切割磁感线，产生三个对称的正弦交流电动势。 2. 采用三相四线制供电方式的电源的线电压与相电压之间有什么关系？ $U_L=\sqrt{3}U_P$，式中 U_L 表示线电压，U_P 表示相电压。线电压总是超前于对应的相电压 30°。	以旧引新。
讲授新课 70 min	**一、对称三相负载和不对称三相负载** 1. 接在三相电源上的负载统称为三相负载。 各相负载相同的三相负载称为对称三相负载，如三相电动机、大功率三相电路等，通常都是对称三相负载。如果各相负载不同，就称为不对称三相负载，如三相照明电路中的负载，通常都是不对称三相负载。 2. 不能将对称三相负载理解为其各对应电气元件参数完全相同，例如，某一相负载电阻为 10 Ω，线圈等效电阻为 5 Ω，电感量为 10 mH；另一相负载电阻为 8 Ω，线圈等效电阻为 7 Ω，电感量为 10 mH，虽然对应电气元件参数不完全相同，但它们是对称三相负载。 **二、三相负载的星形连接** 1. 电路的连接方法 首先应介绍三相负载的星形连接的接法，强调要把三相负载分别接在三相电源的每一根相线和中线之间，如图 6–11 所示。 2. 相、线电压的计算 分析负载的相电压与电源的相、线电压之间的关系，以及线电压与相电压的相位关系。 $U_P=U_{YP}\quad U_L=\sqrt{3}U_{YP}$ 线电压的相位超前相应的相电压 30°。	引导学生根据对称三相负载的判断条件，分析判断三相负载是否对称。 讲解三相负载的星形连接方法。

时间分配	教学内容	教学方法
讲授新课 70 min	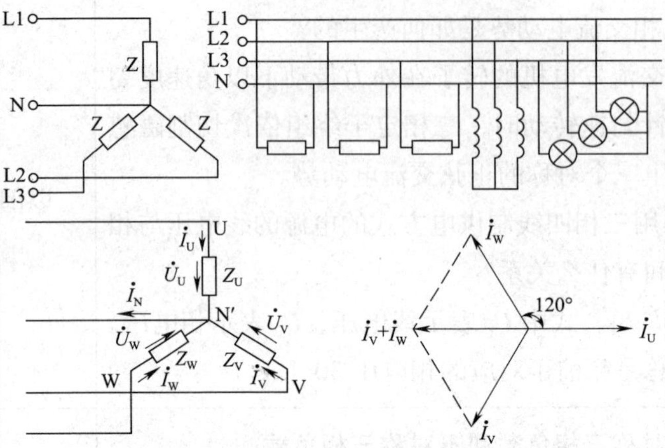 图 6-11　三相负载的星形连接 3. 相、线电流的计算 先计算相电流，然后根据线电流与相电流之间的关系求出线电流。对于三相对称负载来说，线电流和相电流大小相等，即 $I_{\curlyvee L}=I_{\curlyvee P}=\frac{U_{\curlyvee P}}{Z}$ 若三相负载对称，则三个相电流为对称电流。可通过画相量图得出中线电流为零的结论，即 $\dot{I}_N=\dot{I}_U+\dot{I}_V+\dot{I}_W=0$，因此可省去中线，让三相四线制电路实际成为三相三线制电路。 4. 中线的作用 应向学生强调负载作星形连接时，中线可以保证三相电路成为三个互不影响的独立回路，不会因负载的变动而相互影响。 中线上不允许安装熔断器、开关，而且中线常由钢丝制成，以免断开。 可通过以下例题加深对对称三相负载的理解，了解不对称三相负载作星形连接时电压、电流相量图的画法。 【例 1】图 6-12 中，$R=X_L=X_C=10\ \Omega$，它们是对称三相负载吗？为什么？	结合上一节课所学的知识，分析三相负载星形连接时的相电压与线电压之间及相电流与线电流之间的关系。 引导学生思考中线的作用。 让学生通过练习，加深对不对称三相

时间分配	教学内容	教学方法
讲授新课 70 min	 图 6–12　例 1 电路图 不是对称三相负载。因为其对应电气元件虽阻抗相同，但各自性质不同。 【例 2】图 6–12 中，已知电源的线电压为 380 V，求各相电流，并用电压和电流的相量图计算中线电流的大小。 绘制出电压和电流的相量图，如图 6–13 所示。 图 6–13　例 2 电压和电流的相量图 $$U_{YP}=U_P=\frac{U_L}{\sqrt{3}}=220\ \text{V}$$ $$I_R=\frac{U_{YP}}{R}=\frac{220}{10}\ \text{A}=22\ \text{A}$$ $$I_L=\frac{U_{YP}}{X_L}=\frac{220}{10}\ \text{A}=22\ \text{A}$$ $$I_C=\frac{U_{YP}}{X_C}=\frac{220}{10}\ \text{A}=22\ \text{A}$$ 假设 $$u_R=220\sqrt{2}\sin(314t)\ \text{V}$$	负载的概念的理解。 让学生通过绘制不对称三相负载的电压相量图，推导出电流相量图，从而计算出中线电流。

<table>
<tr><th>时间分配</th><th>教学内容</th><th>教学方法</th></tr>
<tr><td>讲授新课
70 min</td><td>则
$$i_R=22\sqrt{2}\sin(314t)\ \text{A}$$
$$u_L=220\sqrt{2}\sin(314t-120°)\ \text{V}$$
$$i_L=22\sqrt{2}\sin(314t+150°)\ \text{A}$$
$$u_C=220\sqrt{2}\sin(314t+120°)\ \text{V}$$
$$i_C=22\sqrt{2}\sin(314t-150°)\ \text{A}$$
$$\dot{I}_N=\dot{I}_R+\dot{I}_L+\dot{I}_C$$
由相量图中的几何关系可得
$$I_N=(\sqrt{3}-1)\times 22\ \text{A}\approx 16.104\ \text{A}$$
【例 3】将图 6–14 中的三组负载进行星形连接。 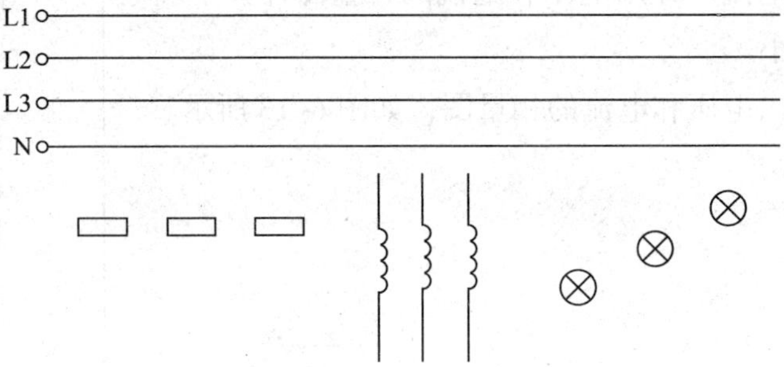
L1 L2 L3 N
图 6–14　例 3 图
正确的连接方式如图 6–15 所示。 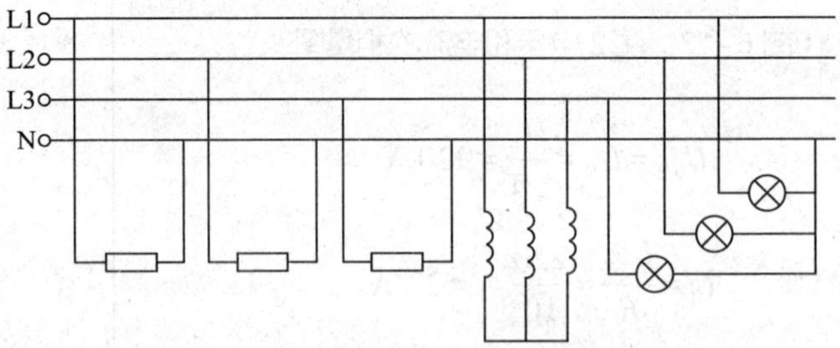
L1 L2 L3 N
图 6–15　例 3 答案
【例 4】已知加在星形连接的三相异步电动机上的对称电源的线电压为 380 V，每相的电阻为 6 Ω，感抗为 8 Ω，求流入电动机每相绕组的相电流和各线电流。</td><td>让学生通过练习，掌握三相负载的星形连接方法。

让学生通过计算练习，加深对相电压、线电压、相电流、线电流的理解。</td></tr>
</table>

<table>
<tr><th>时间分配</th><th>教学内容</th><th>教学方法</th></tr>
<tr><td>讲授新课
70 min</td><td>$$U_{\text{YP}}=U_{\text{P}}=\frac{U_{\text{L}}}{\sqrt{3}}=\frac{380}{\sqrt{3}}\ \text{V}=220\ \text{V}$$
$$Z=\sqrt{R^2+X_{\text{L}}^2}=\sqrt{6^2+8^2}\ \Omega=10\ \Omega$$
$$I_{\text{YP}}=\frac{U_{\text{YP}}}{Z}=\frac{220}{10}\ \text{A}=22\ \text{A}$$
$$I_{\text{YP}}=I_{\text{YL}}=22\ \text{A}$$
【例 5】在三相四线制供电系统中，中线有什么作用?
中线可保证三相电路成为三个互不影响的独立回路，不会因负载的变动而相互影响。
【例 6】在三相四线制供电系统中，什么情况下可以取消中线，采用三相三线制供电?
在各相负载完全对称的情况下可以取消中线。
【例 7】为什么不允许在中线上安装熔断器或开关?
在三相负载不对称的情况下，中线上会有电流流过，若熔断器或开关断开，各相负载的相电压将不平衡，较大负载回路的相电压将超过额定电压，造成负载损坏、电路无法正常工作的后果。
三、三相负载的三角形连接
1. 电路的连接方法
把三相负载分别接在三相电源的两根相线之间，如图 6-16 所示。
接下来讲解三相负载的相电压、相电流和线电流的表示方法。要特别注意的是，对于三角形连接的三相负载，其相电流应用双下标并按正相序表示，在图中要标出参考方向。
2. 相、线电压的计算
分析负载的相电压与电源的相、线电压之间的关系，从电路图中可知
$$U_{\triangle\text{P}}=U_{\text{L}}$$</td><td>引导学生讨论中线的作用和意义。

讲解三相负载的三角形连接方法。

让学生观察三相负载的三角形连接方法，分析出相电压等于线电压。</td></tr>
</table>

时间分配	教学内容	教学方法
讲授新课 **70 min**	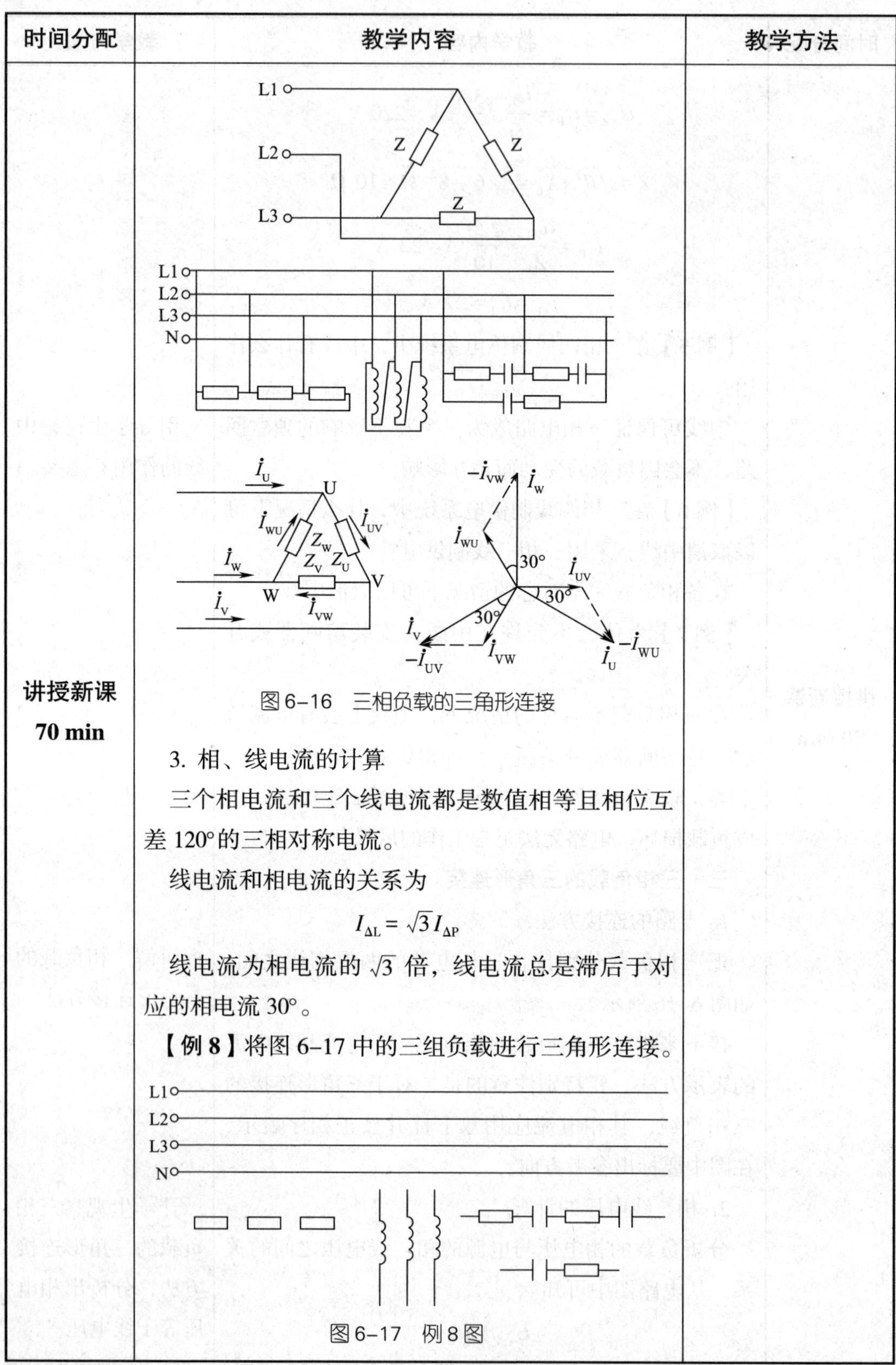 图6-16　三相负载的三角形连接 3. 相、线电流的计算 三个相电流和三个线电流都是数值相等且相位互差 120° 的三相对称电流。 线电流和相电流的关系为 $$I_{\Delta L}=\sqrt{3}I_{\Delta P}$$ 线电流为相电流的 $\sqrt{3}$ 倍，线电流总是滞后于对应的相电流 30°。 【**例 8**】将图 6-17 中的三组负载进行三角形连接。 图6-17　例8图	

<table>
<tr><th>时间分配</th><th>教学内容</th><th>教学方法</th></tr>
<tr><td rowspan="2">讲授新课
70 min</td><td>正确的连接方式如图 6-18 所示。 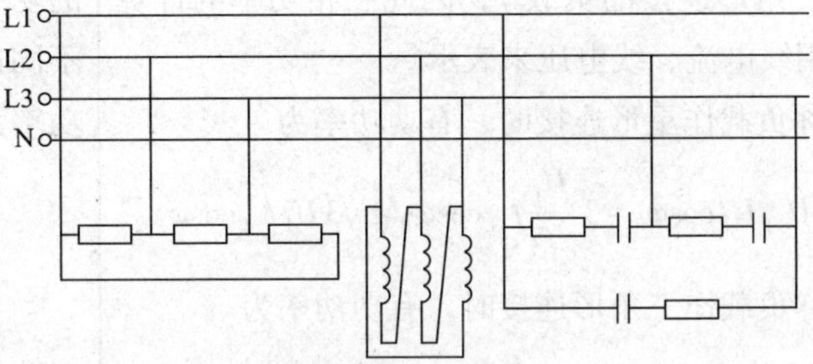

图6-18　例8答案</td><td>让学生通过练习，掌握三相负载的三角形连接方法。</td></tr>
<tr><td>【例 9】将例 4 中的三相异步电动机三相绕组改为三角形连接后，接入电源，其他条件保持不变。试求每相绕组的相电流、线电流的大小，并与星形连接的作比较。

$$Z=\sqrt{R^2+X_L^2}=\sqrt{6^2+8^2}\ \Omega=10\ \Omega$$
$$I_{\Delta P}=\frac{U_L}{Z}=\frac{380}{10}\ A=38\ A$$
$$I_{\Delta L}=\sqrt{3}I_{\Delta P}=\sqrt{3}\times 38\ A\approx 66\ A$$
$$\frac{I_{\Delta P}}{I_{YP}}=\frac{38}{22}\approx 1.727$$
$$\frac{I_{\Delta L}}{I_{YL}}=\frac{66}{22}=3$$

四、三相负载的功率

在三相交流电源中，三相负载消耗的总功率为各相负载消耗的功率之和，即
$$P=P_U+P_V+P_W=U_UI_U\cos\varphi_U+U_VI_V\cos\varphi_V+U_WI_W\cos\varphi_W$$
上式中，U_U、U_V、U_W 为各相负载的相电压，I_U、I_V、I_W 为各相负载的相电流，$\cos\varphi_U$、$\cos\varphi_V$、$\cos\varphi_W$ 为各相负载的功率因数。

在对称三相电路中，各相负载的相电压、相电流的有效值相等，功率因数也相等，因而上式可变为
$$P=3U_PI_P\cos\varphi_P=3P_P$$</td><td>让学生通过计算，对比三相负载采用三角形和星形连接方法时，相电流和线电流比值的大小。</td></tr>
</table>

<table>
<tr><th>时间分配</th><th>教学内容</th><th>教学方法</th></tr>
<tr><td>讲授新课
70 min</td><td>在实际工作中，测量线电流比测量相电流要方便些（指三角形连接的负载），因此三相功率的计算式通常用线电流、线电压来表示。
当对称负载作星形连接时，有功功率为
$$P_{Y}=3U_{YP}I_{YP}\cos\varphi_{P}=3\frac{U_{L}}{\sqrt{3}}I_{YL}\cos\varphi_{P}=\sqrt{3}U_{L}I_{YL}\cos\varphi_{P}$$
当对称负载作三角形连接时，有功功率为
$$P_{\triangle}=3U_{\triangle P}I_{\triangle P}\cos\varphi_{P}=3U_{L}\frac{I_{\triangle L}}{\sqrt{3}}\cos\varphi_{P}=\sqrt{3}U_{L}I_{\triangle L}\cos\varphi_{P}$$
即三相对称负载不论是连成星形还是连成三角形，其总有功功率均为
$$P=\sqrt{3}U_{L}I_{L}\cos\varphi_{P}$$
同理可得对称三相负载的无功功率和视在功率的计算式，它们分别为
$$Q=3U_{P}I_{P}\sin\varphi_{P}=\sqrt{3}U_{L}I_{L}\sin\varphi_{P}$$
$$S=3U_{P}I_{P}=\sqrt{3}U_{L}I_{L}$$
【例 10】工业电阻炉常利用改变电阻丝接法的方法来控制其功率的大小，以达到调节炉内温度的目的。现有一台三相电阻炉，每相电阻 R=11 Ω，求：
（1）在 380 V 的线电压下，分别采用星形连接和三角形连接时三相电阻炉消耗的功率。
（2）在 220 V 的线电压下，采用三角形连接时三相电阻炉消耗的功率。
因为每相负载均为电阻，所以电压、电流的相位差即 φ_{P} 为 0°。
星形连接时的线电流为
$$I_{YL}=I_{YP}=\frac{380}{\sqrt{3}\times 11}\text{ A}=\frac{380\sqrt{3}}{33}\text{ A}$$
星形连接时消耗的功率为
$$P_{Y}=\sqrt{3}U_{L}I_{YL}\cos\varphi_{P}=\sqrt{3}\times 380\times\frac{380\sqrt{3}}{33}\times 1\text{ W}\approx 13\ 127\text{ W}$$</td><td>运用上面推导出的功率公式，计算不同连接方法下的功率大小。

推导公式，得出对称三相负载的总有功功率、无功功率和视在功率。</td></tr>
</table>

时间分配	教学内容	教学方法
讲授新课 **70 min**	三角形连接时的线电流为 $I_{\triangle L}=\sqrt{3}\times\frac{U_L}{R}=\sqrt{3}\times\frac{380}{11}\text{ A}=\frac{380\sqrt{3}}{11}\text{ A}$ 三角形连接时消耗的功率为 $P_{\triangle}=\sqrt{3}U_L I_{\triangle L}\cos\varphi_P=\sqrt{3}\times 380\times\frac{380\sqrt{3}}{11}\times 1\text{ W}$ $\approx 39\ 382\text{ W}$ 在 220 V 的线电压的情况下，三角形连接时消耗的功率为 $P_{\triangle}=\sqrt{3}U_L I_{\triangle L}\cos\varphi_P=\sqrt{3}\times 220\times\sqrt{3}\times\frac{220}{11}\times 1\text{ W}$ $=13\ 200\text{ W}$	
课堂总结 **10 min**	1. 对称三相负载与不对称三相负载的概念。 2. 对称三相负载作星形连接和三角形连接时，负载的相电压与线电压、相电流与线电流之间的关系。 3. 中线的作用及意义。 4. 三相负载的有功功率、无功功率和视在功率的计算。	归纳并总结本节课的知识点。
布置作业	习题册相关习题。	
教学反思	本节课通过对三相负载电路图的讲解与分析，推导出相应的计算公式，并采用分组讨论、师生互动的形式来推动教学。总体来说，学生的掌握情况良好，但对于一部分学习能力较弱的同学，如何调动他们的积极性是今后教学设计中需要考虑和解决的问题。